3. 两膜一苫拱棚撑苫架的设置

①棚背1.3米高，草苫昼夜不动，背风护温。②用长1.8米左右的木棍做成“门”字形架支撑草苫。早上揭草苫，下午在木棍上钉一小木板，推一下草苫即可覆盖。③耐寒矮生作物拱棚高1.3～1.5米，跨度5.5～6米，不宜过高过宽。

4. 两膜一苫一面坡棚外景

①每667平方米一面坡棚比温室少投入4000～5000元。②北边或西边草苫由棚顶垂吊到地面，昼夜不动，外可挡风，内可反光增温。③白天将东部或南部草苫卷起，四周可进光。昼夜温差大，蔬菜产量高，品质好。

5.两膜一苫拱棚外大棚钢架

①内设两排小拱棚，棚上盖0.07～0.08毫米厚的薄膜，3～5厘米厚的草苫。②大棚上覆盖一层0.1毫米厚的薄膜。棚外气温在−14℃时，小棚内温度可达6℃～8℃，可栽培越冬耐寒高秆蔬菜和早春喜温性蔬菜，产量及品质均优于温室。

6.两膜一苫大跨度钢架矮棚骨架

①每隔3.6～4米设1根钢架梁，中间用竹片撑膜，每40厘米宽拉1根12#钢丝固定。棚的跨度为7米。中间与北边高1.5米，南侧高1米。②棚外覆盖薄膜、草苫，棚内覆盖小棚。③可种植各种早春、越冬、延后覆盖蔬菜。

7. 两膜一苫矮棚钢架结构

①跨度5.5～6米。北边高1.3米，南沿高80厘米，每10米远设1根钢架梁。②钢架上弦用直径3厘米的钢管，下弦和W减力筋用10毫米粗的钢筋。③可种植越冬韭菜、芹菜和早春甘蓝、辣椒等。

8. 两膜一苫玻璃钢骨架拱棚

①玻璃钢骨架光滑、不腐，直径为3～5厘米，每平方米可承受490帕压力。拱距1～3米，可覆盖矮生耐寒蔬菜，如芹菜、香菜、菠菜和甘蓝等。

9. 两膜一苫竹木结构骨架拱棚

①跨度5.5米，设3道立柱。立柱高1.3米，长度不限。拱棚南北向或东西向均可。② 11月覆盖薄膜、草苫的韭菜在元旦、春节上市。待割2~3刀后，将棚膜、草苫移盖在此棚，到4月份割2~3刀后，撤掉覆盖物。

10. 两膜一苫一面坡竹木结构骨架拱棚

①竹片厚1厘米，宽5~6厘米。②支2~3道立柱，北边一道略高，但高度不超过1.7米。③用12# 铁丝连结。

11. 两膜一苫钢架结构拱棚覆盖辣椒内景

结构要求：①跨度5.5~6.5米。②南边高度1.3米，北边1.7~1.9米。③梁距4~10米。上弦用直径3厘米的管材，下弦和W减力筋用12毫米粗的圆钢焊接。④南沿太阳入射角为30°~40°，北边梁架60°角向北倾斜入土固定。⑤梁间架设细竹竿，横拉铁丝。盖棚膜和地膜，外盖草苫。

12. 两膜一苫拱棚覆盖番茄内景

①越冬栽培菠菜、韭菜、香菜，3月份上市后，育苗移栽番茄。②每667平方米栽3000株，留4~6穗果，可产8000~10000千克。③昼夜温差大，光照充足，有利于控蔓长果，可控制病害发生。

13.两膜一苫拱棚覆盖茄子内景

①10月份育苗，翌年2月定植，4月份上市。②每667平方米各施牛粪、鸡粪2500千克，EM生物菌液1千克。③昼夜温差大，不利于秧子徒长。④地膜和棚膜两层覆盖即可。

14.两膜一苫拱棚覆盖黄瓜内景

①拱棚钢架结构，跨度6米，高1.7米，南沿高1米。②定植时覆盖地膜。早期支小棚护秧，后期撤掉。③棚外盖薄膜、草苫。每667平方米栽3600株左右，4月前后上市。

15. 两膜一苫栽培早春西葫芦拱棚骨架

①水泥预制中柱高1.3～1.5米，侧柱高1米，宽厚10厘米，内设4根直径为0.5厘米的铁丝。用竹竿拱圆。②每667平方米栽1300～1600株，白天棚温不要超过25℃，下半夜6℃～10℃。

16. 两膜一苫拱棚栽培早春菜豆

①可待越冬和早春甘蓝收获后直播或育苗移栽。②昼夜温差大，有利于控秧促长菜豆。③5月初上市，品质好，价格高。

17.两膜一苫拱棚豇豆栽培模式

①以早春茬栽培为佳，后期去苫去膜，产量高。产品在4～7月份上市，价格高。②幼苗期浇施植物基因诱导剂或叶面喷植物传导素，增根抗寒，控蔓促荚，提高产量。

18.两膜一苫拱棚栽培芹菜内景

①选用耐寒的冬芹或支图拉西芹品种。②8月份育苗，10月份定植，3～4月份上市。芹菜柄壮、粗实，每667平方米可产芹菜10000～15000千克。

19.两膜一苫拱棚栽培韭菜内景

①覆盖老根韭菜，2～4月份割2～4刀，每667平方米可产3000～4000千克。②小跨度设施，升温快，昼夜温差大，有利于植株营养积累，产量高，品质好。不易染病害。

20.两膜一苫覆盖韭菜内景

①北边覆盖草苫，昼夜不动。②白天卷起南边草苫，透光提温。③韭菜可在春节上市。4月份前收割2～3刀。④图中行距过宽，可在中间再栽1行。

21.两膜一苫拱棚韭菜越夏养根

①越冬期收割2~3刀后撤去草苫、棚膜，浇水，除草，灭虫。②叶面喷植物基因诱导剂400~600倍液，提高叶片光合强度和抗热能力，壮大须根和增加鳞茎内营养，为越冬高产积累物质。

22.两膜一苫拱棚栽培生菜内景

①利用高棚、矮棚均可在主茬生菜间隙40天左右，播一茬生菜。②此棚可种各类蔬菜。

23.两膜一苫拱棚茄子定植株型特征

管理要求: ①定植前穴施硫酸铜拌碳酸氢铵或生物菌防止染黄萎病等死秧。②定植后浇水前1小时根茎部灌植物基因诱导剂或叶面喷1次植物传导素，促根控秧，使植株由纵长诱导向横生长，秧苗“蹲”壮，产量高。

24.两膜一苫拱棚甘蓝莲座期标准株型特征

①叶片直径不超过25厘米，不纵长，不肥厚。②叶色艳绿，生长点微黄。莲座后期叶片封严地面，降低地温，促进包球。

25. 甘蓝包球后期丰产型群体特征

①每667平方米栽4 000～4 200株，结球期外叶略挤，互遮面积不超过20%。②外叶开始老化，心球快速膨大，每667平方米产量可达5 000～6 500千克。

26. 两膜一苫拱棚辣椒结果初期标准株型特征

①株高40厘米左右，中后期不超过55厘米。土壤见光量保持15%左右。②叶片宽不超过4厘米、不肥不黄。③对个别矮小植株灌硫酸锌700倍液，7天内赶齐。

27. 两膜一苫拱棚辣椒合理稀植产量高

①行距60厘米，株距40厘米，每667平方米栽3 500株左右，植株矮化，辣椒产量高。②栽后浇施植物基因诱导剂配EM生肥菌液或硫酸铜防止死秧，防止徒长。

28. 两膜一苫拱棚内西葫芦结瓜期标准株型特征

①叶片上揸不凋，直径30厘米左右。②叶柄粗细适中，与生长点呈75°～80°角。③地面见光不超过15%，株高不超过50厘米。④瓜条正齐，大、中、幼瓜结合。⑤用植物基因诱导剂灌根抗寒，瓜正，产量高。

29. 两膜一苫拱棚早春西葫芦结瓜中期株型特征

①叶柄粗控制在1.5厘米左右，长40厘米，地面可见光5%～10%，生长点微黄，叶不肥厚。②牛粪或秸秆肥施用到位。现时叶面喷植物传导素或植物基因诱导剂，增强光合强度，控秧促瓜。白天温度不高于25℃，下半夜为8℃～10℃。注重浇施CM、EM生肥菌液和钾肥，以控秧增产。

30. 浇施植物基因诱导剂的西葫芦秧小瓜壮（右）

西葫芦定植后，每667平方米用植物基因诱导剂原粉30～50克，对水成400～800倍液灌根，每株在根茎部灌10～20毫升药液，灌后1小时浇1次水。灌1次即可。或在秧蔓遮盖地面达90%左右时，用同样浓度的植物基因诱导剂溶液作叶面喷洒，1小时后喷1次清水即可。

31. 两膜一苫拱棚黄瓜结瓜期株型特征

①功能叶直径为12～14厘米，叶色青绿而不肥，油亮而不脆、叶形手展形上揸。茎节长8厘米，粗0.8厘米左右。生长点呈塔形，心叶微黄，地面见光率为5%～10%。②小水勤浇，以施钾肥为主。每次施45%硫酸钾8～24千克，氮、磷肥5～8千克。空气相对湿度为85%左右，白天温度为20℃～30℃，夜间12℃～14℃。基施足量的牛粪、秸秆等含碳肥。每15天施1次生物菌液，可少施氮、磷肥70%左右。

32. 韭菜定植要求：

①宽行28厘米，窄行20厘米，株距15厘米，每穴栽2～4株。②沟深8～10厘米，定植后浇硫酸锌或EM菌液1千克，促长须根。

33. 韭菜养根阶段株型特征

叶色艳绿，生长点微黄。叶片遮盖地面空间达90%左右。

34. 韭菜越夏养根管理

①浇水拔草。每667平方米施硫酸钾15千克，以增大鳞茎，贮藏营养。②叶面喷植物传导素或植物基因诱导剂，防止叶片纵长，促使矮化，提高光合强度，防止韭菜倒伏烂叶。

35.两膜一苫拱棚韭菜套作甘蓝

栽培要点：①韭菜在冬前覆盖薄膜、草苫。每667平方米撒施草木灰200千克，用于避虫和增加钾元素。2月中旬收割2刀，每667平方米产菜5000千克。②韭菜收割后在大行栽入甘蓝，每667平方米栽3500株。4月中下旬收获，续产甘蓝5000千克。

36.氨害造成甘蓝主根灼枯

预防方法：①定植时勿施含氨化肥，如铵镁肥、碳酸氢铵等。施用粪肥要事先加入生物菌，使其达到七八成腐熟。②每667平方米浇施硫酸锌1千克，以促长新根。遮阳降温保湿，可进行小通风。③氨害伤秧可用络铵铜杀菌愈伤，或施EM生物菌液解害。

37.高温引起甘蓝茎秆脱水和叶片扭曲

预防方法：①定植后，中午气温不能超过22℃。②如果高温引起植株萎蔫，要遮阳、喷水，勿通风。③土壤要保持足够的水分，持水量达80%～90%。

38.粪害使甘蓝个别株发生锌吸收障碍而矮化（右）

处理方法：①施用的粪肥要腐熟。②用生物剂或硫酸锌700倍液浇灌，促使植株矮化生长。

39.土壤浓度过大引起甘蓝锌吸收障碍导致心叶短

预防方法：①定植时施鸡粪5 000千克以内，勿过量。中、后期少施氮、磷肥。②包心时植株矮化，每667平方米施硫酸锌0.5～1千克，促心叶拉长抱合。

40.钾足甘蓝外叶少心球实

处理方法：结球期每667平方米施硫酸钾15～20千克，叶球和外叶比可达7∶3，小型甘蓝单球重可达1.5～3千克，比缺钾者增产30%以上。

41.结球期高温缺钾甘蓝难包大球

预防方法：①当外叶有9~10片时，降低温度，停施氮肥，以控外叶。②追施硫酸钾，外叶喷植物传导素抑制纵长，心叶外面喷赤霉素促球包合。

42.冻害造成甘蓝茎腐枯死棵

预防办法：①高脚苗斜栽培土。②低脚苗正栽以叶护茎。③茎部被冻害后喷植物基因诱导剂、铜制剂，以愈合伤口和杀菌。

43.未腐熟有机肥粪块灼腐甘蓝根系（左）

预防方法：①施用鸡粪、牛粪，要提前用生物菌加以分解。②勿将苗根栽入粪块中。③对伤根矮化弱苗要及时更换。

44.个别甘蓝定植过浅根受冻株小叶变紫（右上）

处理方法：①栽苗时一定要将根系埋实。②苗期发现小苗要培土和浇硫酸锌水使其赶齐。③及时浇水防冻。

45.粪害引起甘蓝根系钙吸收障碍而焦缘

预防方法：①粪肥用生物菌分解熟化或晾晒熟化过筛，以避免在大块粪上栽秧。②将粪肥穴施在根侧，勿周施，给根留下回避余地。③植株苗期弱小，如有粪害，要个别浇水，并对叶面喷EM巨能钙溶液。

46.灌施植物基因诱导剂的番茄株壮根多（右）

处理方法：每667平方米备植物基因诱导剂30～50克，用0.5升沸水冲开后放24小时，每株在根茎处灌浇15～20毫升，1小时后浇水，根系可增加70%，光合强度增强0.5～4倍。

47.密植夜温高引起番茄徒长空秆秧

预防方法：①合理稀植，及时疏苗、分苗。②控水、控夜温，控制秧苗徒长。③叶面喷植物传导素，以促使植物细胞横向生长。④作“U”字形定植。栽后灌1次植物基因诱导剂，以促根控秧。

48.番茄疫病引起叶柄褐腐

预防方法：①稀植，控制浇水，排湿。②叶面喷硫酸铜50克配碳酸氢铵75克药液，茎秆上涂1次溶液可愈。③每667平方米施硫酸铜24千克，以提高植株免疫力，促长果实。④及时摘除老黄病叶，以利于通风排湿，控制病菌繁衍。

49.番茄缺碳、锌引起卷叶

预防方法：①基施足量牛粪、秸秆肥等含碳肥料，按每千克干秸秆产果5千克投入。②每667平方米施EM、CM生物菌液1千克分解有机质。③中、上位叶卷缩，可每667平方米施硫酸锌1千克。

50.土壤浓度过大引起茄子地面茎腐

预防办法：①每667平方米施鸡粪、牛粪各2500千克，硫酸钾20千克，EM菌固体肥10千克或EM菌液1千克，不必再施其他肥料。②已发生茎腐的地块，每667平方米冲施EM菌液或CM菌液2～3升，以平衡土壤营养解害。

51.虫害引起茄子秧地面茎伤皮枯死

预防办法：①有机肥用EM菌肥或CM菌肥1千克分解后再施，防止发生虫害。②对已发生虫害的地块，每667平方米用经炒香的麦麸2.5千克拌糖、醋、敌百虫各500克，于傍晚放在地面，翌日早晨将毒晕的虫拾起杀灭。③可用硫酸铜500倍液加入少许硫酸锌愈合伤口。

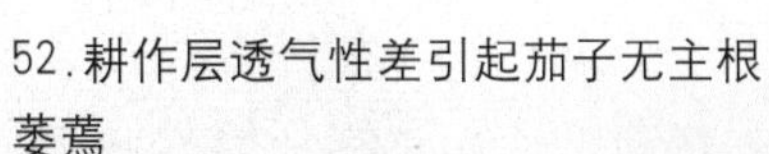

52.耕作层透气性差引起茄子无主根萎蔫

预防方法：①土壤深耕35～40厘米。注重施牛粪、秸秆肥等透气性碳素肥。②定植后，灌施植物基因诱导剂800倍液，每株灌15毫升，可增根70%左右。③现时浇施CM菌液1千克和EM菌液2千克，以疏松土壤。

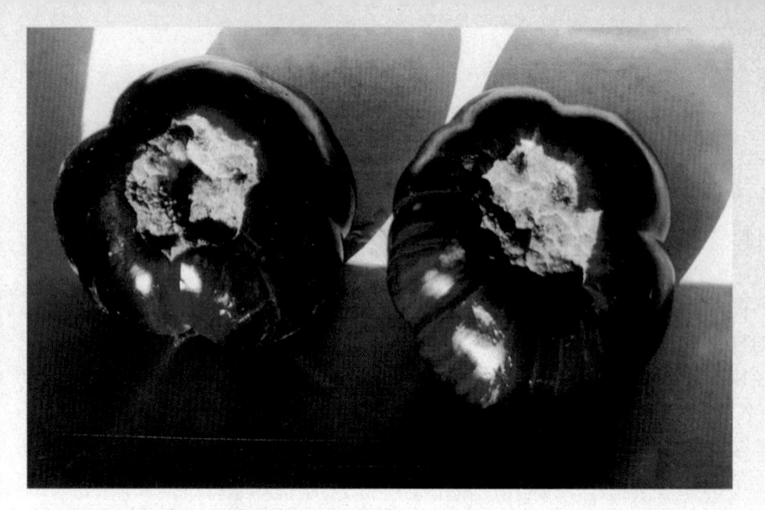

53.低温和缺硼、钙引起茄子大脐

预防方法：①基施足量的牛粪或秸秆肥，并在冬前施入生物菌肥平衡土壤和植物营养。②高、低温期幼苗叶面喷硼砂1 000倍液和EM巨能钙300倍液。

54.茄子施硼过多引起的糙皮画面果

预防方法：①每667平方米基施鸡粪、牛粪均超过2 500千克，田间不需补硼。缺硼土壤一生只补施硼1次（1千克以内）。②已出现硼害的，随水冲入EM菌液、CM菌液或石灰粉予以缓解。

55.硼害引起的茄子叶肉红褐色焦枯

预防方法：①基施牛粪、鸡粪均超过2500千克。常温下不需补硼。②低、高温期叶面补硼浓度为700～1000倍液，并在气温为20℃左右时喷洒。

56.低温密植引起辣椒僵果

预防办法：①两膜一苫拱棚内定植不超过4000穴（8000株）。合理稀植、矮化栽培产量高。②低温期叶片喷硫酸锌700倍液，促使雌花柱头伸长。喷磷、锰、硼素营养，促进授粉受精。

57.冻害造成辣椒叶萎凋

预防方法：①栽后控水控温炼苗。灌植物基因诱导剂，促扎深根。②大冻前浇足水，喷1次植物传导素控秧，使植株细胞横向生长。③前半夜下雪并溶化，雪层薄，要在后半夜及时扫雪，覆盖草苫。

58.低温干燥引起辣椒钙吸收障害叶皱生长点焦干

预防方法：①适当深栽和培土。②保持夜间温度在12℃左右。③每667平方米施EM地力旺菌剂1千克。④叶面喷过磷酸钙配米醋300倍液。

59. 蓟马为害西葫芦叶片症状

预防方法: ①幼苗期叶面喷洒铜制剂溶液避虫。②用万能等杀虫剂灭虫。③及早摘除被伤叶。

60. 蓟马为害西葫芦叶造成小黄点

预防方法：①苗期喷洒杜邦万灵灭虫，防止虫咬掉生长点和小叶,造成叶片长大时有黄色斑点。②喷洒铜制剂溶液，以避虫和愈合伤口，防止传染病毒。

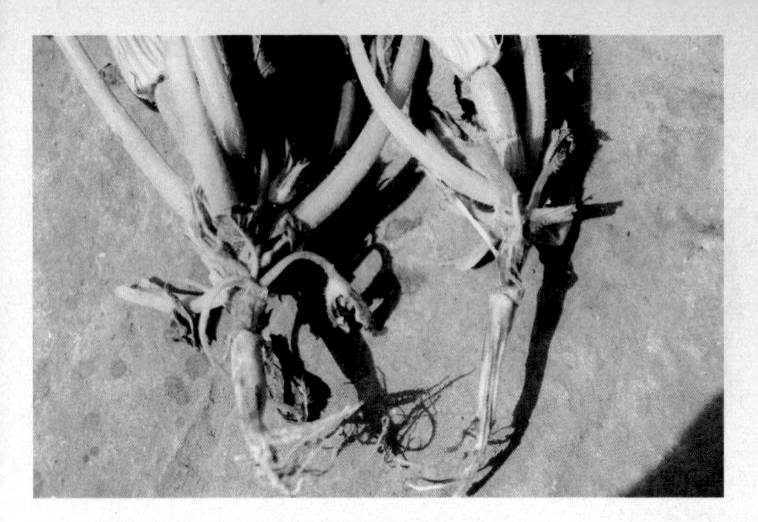

61.土壤浓度过大引起西葫芦根系脱水皱枯

预防方法：①定植时，每667平方米施牛粪、鸡粪各2 500千克，EM菌液或CM菌液1升，无须施氮、磷化肥。②如出现肥害，需降温和叶面喷洒低浓度铜制剂溶液，使叶蔓保鲜防枯。③每667平方米随水冲施生物剂或硫酸锌1千克，以缓解肥害，诱发新根。

62.高温强光引起西葫芦叶焦缘

预防方法：①结瓜期白天温度控制在21℃～25℃，夜间为8 ℃～10℃。高温期在傍晚浇水。②光照强度控制在4～5勒。早通风炼苗，遮阳挡光降温。

63.蓟马为害西葫芦失去生长点

预防方法：①苗期喷洒杜邦万灵溶液，及早杀灭蓟马、白粉虱和蝽象等害虫。②将无头秧全部叶片摘去，灌微生物肥1 000倍液或硫酸锌700倍液，10天左右即可促生出新生长点。

64.氮足引起黄瓜叶过于肥厚

预防方法：①停施氮素粪肥。②降低夜温以控秧。③疏掉部分下位叶，保留13片功能叶，并通风降湿。④施纯钾肥，以促长瓜。

65.高温期喷药引起黄瓜叶灼伤白点

预防方法：①气温高于30℃或低于20℃时不施药。②及时摘除伤残的下位老叶。③按适当浓度配药。如浓度过大会很快使虫、菌表面形成焦质，杀虫防病效果差，还易灼伤叶片。

66.菠菜霜霉病使叶片出现黄褐色斑点

预防方法：①每667平方米施硫酸钾10千克和EM菌液1千克，以平衡营养，使菠菜不染病。②如果菠菜染病，叶片背面喷代森锰锌600倍液，防治效果好。

两膜一苫拱棚种菜新技术

王建元　王广印　马新立　著

金盾出版社

内 容 提 要

本书由国家蔬菜标准化示范县——山西省新绛县农业科技人员和河南科技学院教授共同编著。作者从蔬菜生理要求、生态环境和生态栽培管理新角度，介绍了用两膜一苫拱棚代替日光温室栽培蔬菜的新技术。内容包括两膜一苫拱棚的建造、两膜一苫拱棚高效益蔬菜种植茬口、蔬菜高产优质栽培十二生态平衡管理技术和两膜一苫拱棚优质蔬菜栽培规程；并配以68幅彩色照片及简短说明文字，对两膜一苫拱棚蔬菜栽培的特点及要求作了简要介绍。本书科学性、实用性和可操作性强，对蔬菜生产如何做到低投入高产出和优质高效具有积极指导作用，适合广大菜农、基层农业科技人员和农业院校有关专业师生阅读参考。

图书在版编目(CIP)数据

两膜一苫拱棚种菜新技术/王建元等著.—北京：金盾出版社，2006.9

ISBN 978-7-5082-4176-0

Ⅰ.两…　Ⅱ.王…　Ⅲ.蔬菜-塑料大棚-温室栽培　Ⅳ.S626.4

中国版本图书馆CIP数据核字(2006)第085721号

金盾出版社出版、总发行

北京太平路5号(地铁万寿路站往南)

邮政编码：100036　电话：68214039　83219215

传真：68276683　网址：www.jdcbs.cn

彩色印刷：北京精彩雅恒印刷有限公司

黑白印刷：北京蓝迪彩色印务有限公司

装订：北京蓝迪彩色印务有限公司

各地新华书店经销

开本：787×1092 1/32　印张：4.75　彩页：32　字数：81千字

2009年6月第1版第6次印刷

印数：34521—54520册　定价：9.50元

作者之一马新立为高级农艺师　通信地址：山西省新绛县人大常委会

邮编：043100　电话：(0359)7600622

目　录

第一章　两膜一苫拱棚(大棚)的建造

20 世纪 80 年代,我国发明了塑料拱棚,在农业生产中起到了重要作用。到 90 年代,因温室设施的出现,塑料拱棚就“退居到二线”,占次要发展地位。其原因是拱棚上边不知道怎么覆盖草苫保温增产,其产量下跌,而温室则成了近几年生产中的“宠儿”。

2003 年 8 月,秋雨连绵,山西运城市有 70%以上的温室墙体不同程度地倒塌后,农民损失很大,我们经过总结摸索和试验,终于发明了无墙或无后墙但能盖草苫的大棚设施,即大棚里面套中棚(高 1.3 米,宽 5.5～6 米),中棚上边盖草苫;或中棚里边套小棚,中棚上面盖草苫,北边设一支架以撑住草苫的一种新型设施。这种设施投资少,简单实用,保温好,好操作,可生产越冬西红柿、辣椒、豆角、黄瓜等高架作物,或芹菜、韭菜、甘蓝、西葫芦等矮生作物。这就是山西运城市最早的两膜一苫拱棚。

所谓两膜一苫,就是所建的大棚骨架可承受覆盖一层草苫、上下两层膜的保护设施,能种西红柿、辣椒、韭菜、芹菜等越冬蔬菜。两膜一苫具有以下优点:一是不怕雨多时塌墙。大雨连绵,温室墙体易坍塌,而两膜一苫拱棚没有墙或没有后墙,也就不存在塌墙的风险。而且草苫设置在两膜间,不怕风刮雨淋而造成损失。二是投资低。两膜一苫大棚比温室少投资 2/3,因无后坡,每 667 平方米投资购置两层膜、无机玻璃钢骨架和一层草苫,总投资 3000 余元。每 667 平方米两膜一苫拱棚比温室少投资 6000～7000 元。棚内冬季温度与温室相等。三是土地利用率大。温室的墙和走道占地15%左右，而两膜一苫拱棚土地利用率可达95%～97%。四是散光受光量大。作物生长主要靠散光产生热能进行光合作用，大棚的散光比温室高30%左右。五是昼夜温差大。温差大有利于作物产品的积累，还可控制病菌病害，作物产量高，质量好。

一、两膜一苫拱棚的建造要求

两膜一苫保护地设施发源于安徽。两膜一苫所生产的鲜嫩蔬菜多在我国蔬菜高值期上市。产量质量比温室还好，且管理方便，投资低廉。近几年，两膜一苫保护地设施栽培技术从苏北、鲁西南向豫东、豫北及晋、冀两省推广普及，其设施结构不尽相同，改进速度加快。两膜一苫在设计建造上，只要能根据当地气候特点和规律，将严冬时最低棚温保持在5℃以上，就可以应用于蔬菜的生产。

(一)结构规范

1. 走向　东西长、南北向的拱棚，北边升温快、受光弱；南北长、东西向的拱棚，冬季和早春温度均匀，整体受光弱，蔬菜生长比较整齐，便于一次性采收上市，二者在产量和效益上差距不大。南北向便于在北边设支苫架，固定北边1.3米高的草苫，避风向阳。东西向能将草苫架设在西边。

2. 棚距　东西向的拱棚，在低温弱光期和低温弱光地区，棚距不低于棚高。如果在棚北设置风障，两棚间距要达4米，以防止互相遮荫。东西向的拱棚间距3米。矮小的棚，耐寒喜阴冷的蔬菜如甘蓝、韭菜、蒜苗、芹菜等，可不考虑棚的间距；南北向拱棚，南边棚距离不少于1.5米，东边棚距离最好达 3 米。

3. 高度与跨度 用于矮生作物栽培的两膜一苫拱棚棚高要达到 1.3～1.5 米，以便于拉放草苫，升温快；低温期保温时间长，排湿方便；适温期昼夜温差大，可防止病害，提高作物产量。还要考虑避免冬季积雪而压塌拱棚，跨度以 5.5～6 米为宜(图 1)。用于高秆作物栽培的两膜一苫拱棚棚高要达到 2.2～2.5 米，跨度以 6～7 米为宜(图 2)。

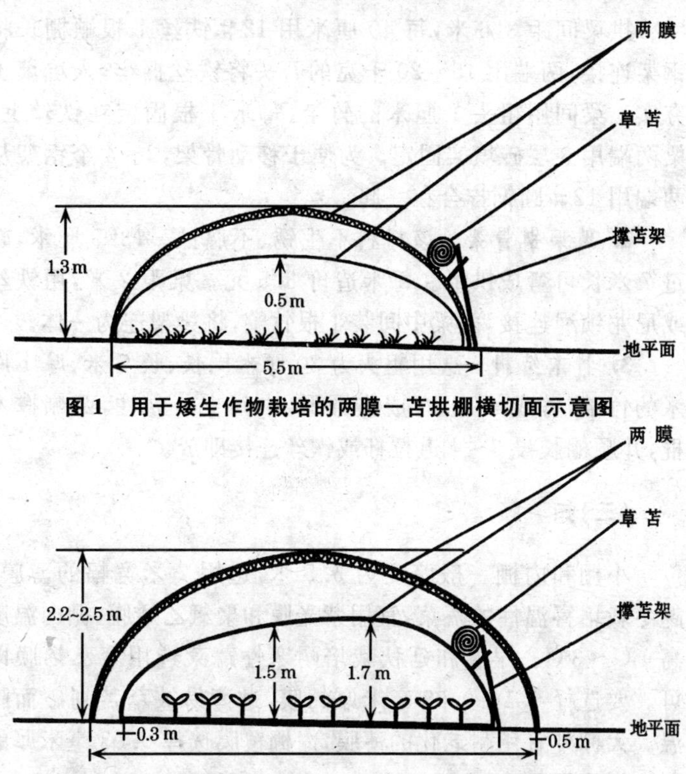

图 1 用于矮生作物栽培的两膜一苫拱棚横切面示意图

图 2 用于高秆作物栽培的两膜一苫拱棚横切面示意图

(二)骨架设置

1. 钢材结构 南北向的小棚最高点往北偏 1.2 米;东西向小棚和高度在 2.2～2.5 米的大棚为等量拱圆。上弦用1.6 厘米直径的管材,下弦用 10＃圆钢,上下弦距中部为 30 厘米,下部即两端为 20 厘米,W 型减力筋用 12＃圆钢焊接。钢架每米造价 11 元左右。

拱梁间距 3.6 米,每 40 厘米用 12＃铁丝 1 根顺棚长将钢架连接;两端用 15～20 千克的石头将铁丝捆牢,入坑填土夯实。梁间用粗头 2 厘米的竹竿,每米 1 根固定在铁丝上。梁两端用 3 层砖填实固定。为便于移动骨架,2～4 个钢架从两端用 12＃圆钢拧合在一起。

2. 玻璃钢骨架 该材料不生锈、不腐蚀。φ3.5 厘米,超过 7 米长可弯成拱形。每米造价 3.5 元。梁距 2 米,用铁丝或尼龙锁绳连接,两梁中间装 1 根竹竿,将梁架连为一体。

3. 竹木结构 选用粗头为 30 厘米周长、长 7 米、厚 1 厘米的竹竿,劈成 4 片,弯成拱圆形,中间支一立柱,两侧撑木棍,并顺棚长设 3～4 道拉杆或铁丝连接即成。

(三)扣　膜

小棚和内棚一般跨度为 5.5 米,选用 7 米宽幅的薄膜。越冬栽培喜温性的蔬菜,宜用紫光膜和聚氯乙烯膜,棚内温度高 1℃～3℃。早春和延秋栽培耐寒性蔬菜选用聚乙烯膜即可。要选择 0.1～0.08 毫米厚的膜,过薄易被草苫划破而降温。大棚外宜用耐老化的薄膜,内棚覆膜选择 0.03 毫米厚的聚乙烯膜即可。

(四)设架盖苫

待晚上最低气温下降到5℃～6℃时盖草苫。选7米长、1.3～1.5米宽、3～4厘米厚的稻草苫。在棚北或西边,用木棒或粗竹竿设一道支苫架。立杆高1.5～1.8米,横杆4～6米,捆成"H"字形,架在棚外压在昼夜不动的北边1.3米高的草苫上。早上用绳子将草苫拉起,卷放在支架与棚北凹处;傍晚用一木棍头钉一小板,轻推草苫盖棚,操作方便快捷。

二、两膜一苫鸟翼形大棚建造的理论依据

单层塑料薄膜覆盖大棚在外界气温下降到0℃以下时,棚内外温差仅为1℃～2℃。这种大棚在晋南11月下旬至翌年2月上旬便失去了利用价值。日光温室投资大,室内温度变化快,技术要求严格,劳动强度及风险也大,病害重,产品质量差。

两膜一苫大棚的设计与应用,是根据地方气候特点和蔬菜生物学特性以及11月至翌年4月蔬菜价格规律,创造的投资小、管理省事、适宜作物控病促长的生态环境,可谓科学实用的保护地先进生产技术。

(一)环境特点与应用优势

影响冬季蔬菜产量的主要因素是光照和温度。北纬30°～35°地区,属大陆性气候,是全国最佳光照和昼夜温差区域,冬季(12月至翌年2月)平均光照度为1.3万勒,晴朗时高达3.2万勒。而蔬菜生长的下限、上限光要求为9000勒和5万～7万勒,光补偿点为2000勒。两层覆盖可透光率达

72%，比温室单层膜少 8%～10%，但受光时间增加 11%，作物进入光合作用温度适期增加 17%，可满足蔬菜光合作用下限要求。4～6 月份光照度达 8 万～10 万勒，两膜一苫可挡光照 20%～30%，起到遮阳降温的作用，使蔬菜在较适宜的光照度下延长生长。晋南冬季昼夜温差为 23℃～26℃，外界极端最低温度为－15℃～－17℃，外界最高温度 22℃，室内可达 28℃～30℃，而蔬菜产品积累的标准昼夜温差为 17℃～18℃。两膜一苫三层覆盖能将昼夜温差调节到适中要求，这是晋、冀、鲁、豫、陕南和黄淮流域气候环境独特的优势。

(二)基本构造与保温理论依据

两膜一苫即按跨度 7.2 米、脊高 2.5 米做棚架，最高点偏北 1.2 米。钢架结构上弦用外 ϕ1.6 厘米的管材，下弦用10＃圆钢，上下弦距 30 厘米，W 型减力筋用 12＃圆钢焊接外大棚骨架。

内小棚按 6 米跨度，1.5～1.7 米高，用 7.5 米长、6～7 厘米宽、1 厘米厚的竹片做棚架，间距 1 米左右。棚内设 3 道立柱支撑，北端 1.3 米高的草苫在严寒季节棚温降到 8℃以下时早揭晚盖。即北端 1.5 米高草苫昼夜不动，外边压一道用木棒或竹竿做成的“H”字形支架，早上将草苫卷放在棚北与支撑架凹处即可。

11 月上旬扣外棚膜，11 月下旬扣内棚膜，12 月中旬至翌年 2 月盖草苫，3 月下旬撤草苫与小棚。经测试，大棚内外膜与小棚间又有一个 0.7～1 米的空间，减少空气对流，可缓解和减少热能散失 5℃～8℃，小棚内几乎无空气对流现象，达到保温抗寒的效果。“一苫”可在严寒季节隔绝热量外导，避免草苫被雨淋、雪湿、冷霜、风刮等弊端。

经2000年农历“一九”至“五九”测定：两膜一苫平均气温均在10℃以上，即“一九”为18.2℃，“二九”为17.9℃，“三九”为12.5℃，“四九”为16.4℃，“五九”为21.7℃。棚外极端温度为-10.5℃，5厘米地温为-2.9℃时，两膜一苫棚内最低温度为6.6℃，最高温度为28.4℃，5厘米地温最低为9℃，最高为23℃，均可满足番茄、菜豆、黄瓜、西葫芦等喜温蔬菜一年早春和延秋两作对温度上限、下限的需求。

2001年1月7～16日，连续10天阴雨天气，两膜一苫大棚内最低温度为18.3℃，平均最低温度为8℃，分别比露地高19.6℃和15.2℃，比琴弦式温室高2℃，比鸟翼形温室低0.5℃，比长后坡短后墙温室低3℃。

（三）投资估算与效益分析

①无支柱钢架，每米价格7元，每根10米长，间距3.6～4米，每667平方米需23根，合计1600元。竹木结构骨架为1000元左右，连接固定棚架钢丝需70千克，合计300元。②大棚内外两层用0.1～0.08毫米膜130千克，合计1000元。③草苫80卷，每卷长7～7.5米，每卷10元，合计800元。④小棚竹片、立柱，每667平方米各90个，合计270元。总计投资3600～4100元，比日光温室投资（1万元）少5000～6400元。

据不同栽培方式的头年投入产出效益分析：大棚每667平方米投资1200元，平均产值2366元，净收入1166元；温室每667平方米投资1万元，产值1.6万元，净收入6000元；两膜一苫每667平方米投入4000元，产值15000元，净收入1万余元。

两膜一苫适宜一年2～3作，有利于轮作倒茬和雨淋降盐防病，尤其在老菜区盐渍化土壤上应用，比建温室更为适用。

三、两膜一苫拱棚钢架拱梁的制作

两膜一苫拱棚钢架拱梁要使用有弹性的管材，必须将内弦和 W 型减力筋焊接成拱圆形，才能支架扣棚。其生产工艺如下。

制作钢架拱梁模具，先在水泥地板上画出与实用拱梁大小的圆弧图，在受力弯处，按 40～70 厘米于弧线内外（间距 20～30 厘米），用电钻往地板下打直径 12 毫米粗的眼，将与眼等粗或略细的 15 厘米长的钢棍插入眼内，外露 4～5 厘米，把上弦钢管（粗 1.6 厘米）弯入弧线上。按已定管弦间距（15～24 厘米）在受力弯处插钢棍。将 W 型减力筋（直径 12 毫米钢筋）摆在两弦之间，用电焊焊接即成。

将焊好的拱梁支高 1.5 米左右，在上下弦受力处焊 5 厘米高的钢棍卡子，即可当模具便捷地套上管弦和钢筋焊接制作两膜一苫拱梁。

四、两膜一苫拱棚玻璃钢架拱梁的制作

玻璃材料拱梁，短似钢棒强硬，长如藤条可弯的大棚骨架，是农民渴望的新型、实用、美观的设施。本技术参考意大利工艺进行创新改造后，在山西新绛县研制成功。

（一）钢架生产设备

1. 主机　自动成型机，包括自动布线、喂料、挤压、脱模、成型、运行等套机。价值 8000 元。

2. 辅机　拌浆机,造价1500元。

3. 场地　一套设备需宽5～6米、长30～40米的水平预制地面,中间设两条可自动进退的成型机运行轨道。

4. 原料　用不腐不锈不断的合成纤维、氧化镁、氯化镁等12种原料,按比例与程序拌和均匀装入主机,自动产出骨架,保养6～7天即可承用。

(二)生产工艺

将合成纤维若干卷装入主机内,自动拉长引入塑料膜壳内,自动布匀拉展,自动将化学复合原料注入纤维间,表面自动附着精油。可生产直径2.5～4厘米以上,表面光滑的圆形或扁圆形骨架,每机每小时可产100米,每米成本2～4元。

(三)投入估算

直径2.6～3厘米的管材为上弦,12#钢丝为下弦和W型减力筋,每米做成骨架价为11元,市场价为12元。按5.5米护地跨度,高1.3米,每根需7米长,每667平方米需37根×7米×15元=3108元。玻璃钢大棚骨架4厘米直径,每米3.5元,按1.5米1根,每667平方米用80根×7米×3.5元=1960元,且不锈不腐,不易磨破薄膜。每平方米可承压力784.5帕压力,每7米单根可承受480.6帕压力,连体可承受2942帕压力。

(四)安装方法

在畦两侧垄上,用电钻或钢筒打眼,将玻璃钢骨架头插入眼中。每40～60厘米按棚长用12#铁丝连接,用细铁丝拧合,用石头缠铁丝头入土固定,也可在东西两侧做土墙,将铁丝拉在墙外固定。玻璃钢骨架牢固耐用,美观大方,室内操作便利,值得应用。

(五)应用方法

在此骨架上扣膜盖苫,棚北边设一道1.3米高的撑苫架,可越冬生产耐寒性蔬菜,如韭菜、芹菜、甘蓝等;也可早春生产喜温性蔬菜,如茄子、西葫芦、黄瓜、豆角、西红柿等,上市早、产量高、品质好。

第二章　两膜一苫拱棚蔬菜种植茬口

一、两膜一苫小棚7种高效益蔬菜茬口

(一)韭菜—甘蓝—茄子茬

韭菜选用直韭或立韭，每667平方米用种子1.5千克，3～4月育苗，6～7月移栽，11月份覆盖，12月至翌年1月收获2刀，每667平方米产韭菜2000～3000千克。甘蓝选用8398品种，每667平方米用种子50克，于11月中下旬阳畦育苗，翌年1月分苗，2月初每667平方米定植4000株，将覆盖韭菜用的两膜一苫移盖在甘蓝田，4月初上市，每667平方米产甘蓝5000千克左右。第三茬茄子品种选用陕西大牛心或天津快圆，每667平方米用种子50克，1月下旬在温室内下种，3月中旬分苗，4月上中旬甘蓝收获后，每667平方米定植1600～2000株，5～8月上市，每667平方米产茄子6000千克左右(2004年山西新绛县南马村张学尔模式)。

(二)芹菜—甘蓝—芹菜茬

延秋茬覆盖芹菜选用美国文图拉或西芹1号、西芹3号，每667平方米用种子80克，于7月中旬下种，9月初移栽，株距25厘米，10月下旬长到60厘米高，11月扣棚盖苫，12月至翌年1月上市，每667平方米产芹菜7000～10000千克。二茬甘蓝选用小型品种，11月下旬育苗，待芹菜收获后栽入

甘蓝，每667平方米收入5000元左右。第三茬早春茬芹菜在2月育苗，4月初收获甘蓝后栽入芹菜，每667平方米产芹菜6000～7000千克（山西新绛县向阳沟曹立尔、西横桥村芦小狗模式）。

（三）菠菜—甘蓝—辣椒茬

菠菜选用大叶超能品种，每667平方米用种子1千克，10月上中旬下种，12月覆盖两膜一苫，元旦、春节上市，每667平方米产菠菜2500千克。第二茬种芹菜或甘蓝，在3月底上市。第三茬辣椒选用羊角形品种湘研13号或良椒1号，甜椒型选用中椒11号和中椒7号，1月在温室育苗，4月上旬甘蓝或芹菜收获后移植，5～10月上市，每667平方米产辣椒4000千克左右（山西新绛县西曲村文小蛋模式）。

（四）辣椒—豆角茬

延秋茬辣椒在7月初下种，8月中旬防雨防虫覆膜保苗，11月上旬扣棚，11月下旬盖草苫，翌年1月至12月上旬收三层果；12月中下旬着生满天星，挂果至翌年2月一次性采收上市。每667平方米产辣椒3500千克。早春茬豆角选用日本大白棒、广大930或泰国绿龙等耐寒品种，1月中旬在温室内育苗，2月底辣椒收获后移栽，3月底上市，6月结束。每667平方米产豆角4000～7000千克。

（五）芹菜—辣椒茬

头茬芹菜选用美国文图拉或西芹3号品种，8月初育苗，10月初移栽，株行距45厘米，每667平方米栽1万～1.3万株，11月覆盖，春节期间上市，单株重1～2千克，每667平方米产芹菜11000～15000千克。二茬辣椒选用苏椒5号或良椒1号，11月初播种，芹菜收获后栽辣椒。每667平方米产辣椒3000～4500千克（山东金乡县化雨乡耿楼村耿成新模式）。

（六）韭菜—甘蓝—西葫芦茬

韭菜在3～4月下种或用老根茬韭，品种宜用平韭4号或791雪韭，7～9月加强肥水管理，10月中下旬割1刀。每667平方米产韭菜2500千克。之后露地缓慢生长，11月覆盖薄膜、草苫，12月上市后，将两膜一苫整体移盖在同等大的另一块地上，2～5天后栽入小型甘蓝。甘蓝在11月阳畦育苗，翌年1月份定植，3月上旬上市，每667平方米产甘蓝4500千克。第三茬选用纤手1号或早青一代西葫芦，翌年2月上中旬下种，3月下旬至4月上旬定植，5月初上市，每667平方米产西葫芦4000～6000千克（山西新绛县西尉村文联心、南庄村许青龙模式）。

（七）韭菜—韭菜—韭菜茬

安排三块同等长宽的韭菜地，一块种耐寒、秋季产量高的平韭4号或雪韭，另两块种立韭或直韭。设计一跨度为5.5米的两膜一苫棚架。10月，雪韭田露地收割1刀，每667平方米产值2000～3000元，11月份覆盖耐寒、秋季产量高的雪韭，割1刀，收入3000元左右。将两膜一苫整体移到另一块抗热生长快的直韭地，收割2～3刀后，每667平方米割韭菜2000～3000千克，再将两膜一苫迁移到第三块韭菜地，覆盖后采收1刀韭菜，进入露地管理，每667平方米产韭菜3000千克左右。一套两膜一苫设施，连着覆盖3块韭菜地，收5刀韭菜，总收入近2万元（山西省盐湖区刘村庄和新绛县西蔡村模式）。

二、两膜一苫大棚10种高效益蔬菜茬口

一些地区的菜农利用地理差、时间差、技术差和品种差取得产量和效益，不仅给冬、春市场提供了丰富的细鲜菜，而且给广大农民开辟了一条致富的捷径。现介绍每667平方米产值2.2万元左右的10种高效益蔬菜茬口，供蔬菜生产者结合各自的生产条件，因地制宜地借鉴应用。

（一）黄瓜—大青菜—菜花茬

头茬黄瓜在10月播种，品种宜用津优20号、裕优3号或津春3号等，20天左右进行靠接嫁接，11月中旬高垄大水定植，宽行80厘米，窄行40厘米，垄高15～20厘米，12月底上市，翌年7月拉蔓，每667平方米产黄瓜16000～18000千克，收入1.8万元左右。大青菜选用五月蔓或四月蔓，10月下旬栽入黄瓜行间，背边和棚缘各2行，元旦春节上市，每667平方米产大青菜1000千克，收入1600元左右。三茬菜花选用日本雪峰或龙牌60天，7月初栽植，株行距34厘米，每667平方米栽5000株，9月底上市，每667平方米产菜花1800千克，收入1500元（山西新绛县王守村贾仲良、樊村段帮帮模式）。

（二）黄瓜—番茄—甘蓝茬

头茬秋延黄瓜8月中旬直播，品种选用津绿4号、津优1号等，80厘米的垄宽栽2行，行距50厘米，株距28厘米错开

栽，每667平方米栽3500株，11月上旬上市，翌年1月拉秧，每667平方米产黄瓜4200千克，收入4500～6000元。第二茬早春番茄选用金鹏、川岛雪红品种，11月中旬育苗，翌年2月初定植，行距50厘米，株距33厘米，每667平方米栽4500株左右，产番茄6200千克，收入11800元。第三茬甘蓝选用理想1号或晚丰品种，4月中旬育苗，5月中旬定植，每667平方米栽2500株，7月下旬上市，每667平方米产甘蓝5000千克，收入1300元（山东寿光市小东关村沈树贞模式）。

（三）芹菜—番茄—黄瓜茬

头茬晚秋芹菜选用美国文图拉或台湾西芹，6月上旬育苗，8月上旬移栽，株行距4厘米，11月上旬擗叶收获，翌年1月底全部上市，每667平方米产芹菜6500千克，收入6600元。第二茬栽植冬季番茄，选用金鹏宝冠品种，11月上旬育苗，40天左右分苗，翌年元旦至中旬定植，株距25厘米，行距60厘米，每667平方米栽5000株，4月中旬上市，5月下旬收获完毕，每667平方米产番茄4500千克，收入11000元。第三茬夏秋季栽植黄瓜，选用津春4号、津优2号、津萃胜天品种，4月上旬套种在番茄架下，每667平方米留苗4000株，6月上旬开始上市，每667平方米产黄瓜4000千克，收入4000元左右（山西新绛县东马村杨新发模式）。

（四）芹菜间种平菇—豆角间种草菇茬

头茬越冬芹菜8月中旬露地育苗，11月中旬定植在高垄上，垄宽80厘米，窄行60厘米，芹菜按10～20厘米株行距定植。11月上旬扣棚膜，并将已灭菌配制好的平菇培养料填入低畦内，接种后压实，11月中旬扣小棚保护越冬，芹菜于春节前至2月上旬收获，每667平方米产芹菜5000千克，收入3600元。芹菜收后整地施肥，2月中旬播入扬豇40或张塘特长豆角，每667平方米留苗3300株，4月中旬始收；平菇于2月上旬出菇收获，每667平方米投2000千克料，可产900千克平菇，收入3000元左右。豆角生长期（5～6月）在垄蔓下播入草菇，可采2～3潮，收入1000～2000元。二茬四作每667平方米收入2万元左右（山东寿光市北慈村慈道庆模式）。

（五）番茄—番茄—黄瓜茬

头茬晚秋番茄选用金鹏、毛粉802、中番4号等厚肉后熟慢、产量高的品种。8月育苗，9月下旬定植，每667平方米产番茄6000千克，收入7800～10000元。此茬如安排茄子可选用陕西牛心或新绛大红袍茄品种，效益也佳。第二茬番茄用斯洞丰田、宝冠等中早熟品种，1月初育苗，1月中旬栽植，采取摘心换头法整枝，每株由4～5穗增加到6～8穗果，可增产28%，每667平方米产番茄8000千克以上，收入7500～10000元。第三茬黄瓜选用津春4号、津优1号品种，每667平方米栽3800株左右，3月中旬播种育苗，4月上旬定植，5月中旬上市，7月底收获结束，每667平方米产黄瓜6000千克，收入4600～7000元。三茬总收入20000～22000元（山西新绛县王守村姚红军模式）。

（六）辣椒—茄子茬

头茬秋延后栽培辣椒，选用寿光羊角红、良椒1号、辽椒4号、沈椒1号，6月初育苗，8月定植，每667平方米栽4000穴，每穴2株，翌年12月至后年1月上市，每667平方米产辣椒3500千克，收入7200～10000元。第二茬早春茄子选用天津快圆和美引茄冠品种，11月上旬在大棚内利用火炕温床育苗，12月上旬按10厘米见方分苗，翌年2月定植，最低地温保持12℃，畦宽2.5米，按株行距30厘米见方栽5行，铺地膜，盖棚膜草席，坐果期用30毫克/千克2,4-D点花，6月底结束，每667平方米产值12700元，两茬收入20000多元（山西新绛县柳泉村贾俊廷模式）。

（七）芹菜—西瓜茬

头茬越冬芹菜7月育苗，11月中旬定植，翌年2月收获，每667平方米产芹菜5500千克，收入4200元。第二茬早春西瓜选用金钟冠龙品种与黑籽南瓜嫁接，1月中旬育苗，西瓜播种5天后再播黑籽南瓜种，当南瓜子叶展平、真叶初露时（2月7日）采用靠接嫁接法，3月底按株距90厘米定植，每667平方米栽2200株左右，用吊绳引瓜蔓上架，行地膜覆盖，独蔓整枝，人工授粉，5月下旬收获完毕，每667平方米产西瓜5500千克，产值15500元，两茬产值20000元左右（山西新绛县万安镇马村王晓彦模式）。

（八）西葫芦—番茄茬

头茬越冬西葫芦选用长青1号品种，10月下旬育苗，11月底定植，每667平方米栽1800株，坐瓜期用2,4-D涂抹柱头和柄把，防止化瓜；在幼瓜上抹920、白糖、尿素混合液促长，12月底上市，翌年4月拉秧。每667平方米产西葫芦5500千克，收入8800元。第二茬番茄选用佳粉15号、川岛雪红品种，2月上旬育苗，每667平方米收入8500～10000元，两作总产值20000元左右。西葫芦收获后栽黄瓜、辣椒、茄子、西瓜产值亦佳(山西新绛县南梁村王全官、崔文荣模式)。

(九)韭菜—辣椒茬

头茬韭菜3～4月直播,加强管理,霜降覆盖,春节前割两茬,每667平方米产3000千克,收入4000～6000元。第二茬辣椒选用羊角形品种,如良椒2313和湘研16号。10月下旬育苗,翌年1月下旬至2月上旬栽植,3月开始收获,6～8月拉蔓。两茬每667平方米产值15700元(山西闻喜县西宋村王开太、王国贵模式)。

(十)韭菜—黄瓜—番茄茬

头茬秋铲、冬捂、强控、早盖韭菜选用791雪韭品种,4月播种,5～7月加强肥水管理,7月停水控长,8月初铲除枯叶后施肥促长,9月覆盖棚膜,10～11月收割2～3刀,每667平方米产韭菜3000千克,收入3000～6500元。第二茬黄瓜10月育苗嫁接,韭菜收割后栽入黄瓜,春节前后上市,7月拉秧,每667平方米产黄瓜5500千克,收入10000元左右。第三茬番茄选用白果强丰、毛粉802品种,5月育苗,黄瓜拉蔓后整地施肥,8～11月上市,每667平方米产番茄6000千克,收入2300元。三茬总收入2万元(山西新绛县宋温庄王明立模式)。

两膜一苫栽培除越冬茬黄瓜必须选用聚氯乙烯无滴防尘膜外,其他品种和茬口宜选用聚乙烯无滴膜。

第三章 蔬菜优质高产栽培十二生态平衡管理技术

蔬菜生产管理平衡理论和技术是从生产实践中总结出来的。首先,平衡理论就是把蔬菜植株的各个器官(根、茎、叶、花、果等)与外界环境视为一个整体,它们之间有相生相克、相依相助的关系,环境和作物、器官与器官之间要保持相对的平衡。其次,是需打破平衡,通过调整寻求建立新的平衡,使作物生长向着人们期望的方向发展。蔬菜生长管理就是要调整植株与外界环境的平衡、体内营养和生理活动的平衡,以最小的投入获取最高、最优的品质和效益。

一、环境平衡

作物健壮的生长必须与周围的环境保持平衡。蔬菜植物与自然失衡,就会生病或死亡,所以要根据当地当时的自然条件,创造一个满足蔬菜生长的环境,以达到高产、优质、高效的目的。晋、冀、鲁、陕南地区蔬菜高产、优质生产最佳月份是3～8月,是水、肥、气、热等综合因素共同作用的结果。尤其在3～4月份,蔬菜市场价高达每千克2～6元,两膜一苫拱棚内生长的茄子每4天可摘1茬,每667平方米每次可收茄子300～500千克。如果把其他月份也创造成如这几个月的良好环境,1年每667平方米可产茄子2.5万千克,是完全可以办到的。

国家将晋、冀、鲁南及黄淮流域划为全国蔬菜高产、优质区域，在这些地区生产蔬菜，之所以投资少、产量高、品质好、见效快，其原因是天高气爽，四季分明，昼夜温差适中，无霜期较长，阳光充足，有利于蔬菜营养的积累和产品的形成。

要做到保持蔬菜生产环境平衡，要处理好以下两个关键问题。

（一）影响蔬菜优质高产的4个要素

1. 肥料 无公害蔬菜只准用含有机氮的粪肥，如畜禽粪、秸秆、腐殖酸肥；不准和限用化学合成的磷肥，如磷酸二铵、硝酸磷、氮磷钾化学合成复合肥，可用磷钾矿复混肥；准用但限用各种类型钾肥，如硫酸钾、生物钾肥等。应大力提倡应用微生物肥。

2. 农药 无公害蔬菜只准用生物农药、有机低残留农药，如只准许用2%阿维菌素、高渗苦参碱水剂、52%农地乐防治各种地上害虫；用48%乐斯本乳油防治各种地下害虫，如韭、蒜、葱蛆等；用52%抑快净、60%灭克、代森锰锌控菌抑病。

3. 大气 大气中含有一氧化碳、氟化氢、氯乙烯、氢氧化物、酸类有害物、铅等，故菜地要远离工厂和公路。

4. 水质 如果灌溉水中镉、铅、砷、汞、铝、铬等20余种有害重金属超标，不仅菜长不好，而且残留超标，不准进入市场销售。为此，现代农业要求用净水灌浇，进行微喷灌、膜下浇水或根系下渗水滴灌，既可节水60%～70%，又可防止湿度大染病，还能诱根深扎，提高产量和品质。

（二）生产优质高产蔬菜应考虑的3个要素

一是创建作物生长周期性地方生态平衡保护地设施；二

是根据当地生态环境确定品种茬次；三是了解土、肥、水、种、密、光、气、温、膜、病、虫的变化规律，按照生态平衡原理进行管理。

二、土壤平衡

土壤是植物营养和植株的载体，要具有适宜蔬菜生长发育的理化性能。土壤中氨气和亚硝酸气体对植物会产生浓度危害，要防止每667平方米一次性施有机肥超过7000千克或追施氮、磷化肥超过25千克。土壤中的微量矿物质盐类营养应达到按比例齐全的要求，即氮200毫克/千克，五氧化二磷45毫克/千克，氧化钾250毫克/千克，氧化钙150毫克/千克，氧化镁50毫克/千克，硫48毫克/千克等。耕作层为40厘米深，有效保水量为16%～20%，团粒结构的土壤稳固性在60%左右。EC值，即干土与水分的重量比率为1∶1.5，以黏壤土栽培蔬菜为最佳。

要求有机质含量为2.5%～3.5%，含氧量达19%～28%。如土壤过黏应增施碳素有机肥，掺沙；土壤过沙应增施有机质粪。如为酸性土壤和水质，常施石灰粉；碱性土壤，常施石膏粉，掺黏土。土壤pH值为6.5～8，均可栽培蔬菜，但以中性为佳。每667平方米保持有益生物菌10000亿～20000亿个，即施固体生物菌肥20～40千克，液体生物菌肥1～2千克。前3年没施用过有机磷、硝态氮化肥的地块。

(一)蔬菜重茬连作防病增产技术

1. 生态栽培措施可连作 ①整平地面，防止积水后根系缺氧染菌死秧。②深耕土层达35厘米以上，防止根浅脱水染菌死秧。③遮阳降温，防止强光灼伤植株染病。④防止低温沤根染菌死秧。⑤及时沤粪，防止施用未腐熟粪肥而烧根染病，不施氨态化肥。⑥高、低温期叶面喷硼、锌、钙、钛，以增强植株抗病性，防止营养失调致使病菌乘虚而入。

2. 生物技术措施可连作 ①自制生物菌肥。将秸秆、杂草、腐殖质等动植物残体切段堆积，将 1 千克 EM 菌剂稀释 100～300 倍，拌 10～20 千克碳酸氢铵(碳分解时需吸氮)，洒泼于堆肥内，既可加快碳素物质分解，防止生虫，供作物直接吸收，又可驱走和取代有害病菌。定植时，将生物堆肥施入沟穴内，可连作防病。②栽苗时，在作物根部穴施 EM 地力旺菌肥 10～20 千克，既能以菌克菌，又能平衡土壤和植物营养，可以连作。③在苗期和定植后，每 667 平方米施 CM 亿安神力菌肥，或 EM 地力旺菌肥，或农大哥菌肥 40 千克，可连作保秧。

3. 生理技术措施可连作 铜是植物表皮木质化的元素，可加快愈合伤口，防止病毒病菌侵入，还能增强植物的生长势和抗性。铜素还能使病菌细胞蛋白质钙化致死。叶面常喷铜制剂，或每 667 平方米在定植穴内施硫酸铜 2 千克拌碳酸氢铵 9 千克。

4. 物理技术措施可连作 用土壤电液爆机和高压脉冲电容放电器在土壤中放电，形成等离子体、压力波杀菌消毒，效果优异，并能激活土壤凝固的营养素和电解矿物营养，以供蔬菜直接吸收。温室电除雾防病促长系统是将其所制出的适度臭氧来抑制和杀灭空气和土壤中的病菌，经处理的土壤可以连作。

5. 采用植物基因诱导技术措施可连作 将各类植物的遗传基因特性集于一物，喷洒与灌施在蔬菜秧上，可使其根系增加70%～100%，光合效率提高50%～400%，能增强蔬菜秧抗寒、抗旱、抗病、抗虫能力。植物基因表达诱导剂在蔬菜上应用效果优异，每667平方米用药50克，先用500毫升沸水化开，存放24小时后随水冲入苗圃，或对水50升灌根或作叶面喷洒，1小时后浇水或喷1次清水，可重茬连作，防治黄萎等引起的死秧，防止徒长，早熟，增产明显。

(二)蔬菜死苗的10种生态原因及预防办法

1. 肥害缩茎死秧 肥料一次投入过量，土壤表层浓度过大，植株近地面处会出现茎秆反渗透萎缩、裂口、变细、扭曲、液流等症，继而全株枯死。尤以氮素化肥危害为重。其防止办法是少用或不用氮素化肥。

2. 氨害凋萎死秧 如室内空气中氨含量超过0.8%，会造成植株叶、秆氨气中毒，而衰凋枯死。其防止办法：①不用或少用尿素、碳铵、氨水等含氨化肥；②施用腐熟人粪尿，1次控制在500千克/667平方米以内；③施用鸡粪，腐熟度要达到5～7成；④施肥后通风排氨气。

3. 热害脱水死秧 耕作层浅于30厘米，栽后浇水过勤，植株根浅叶旺，室温超过40℃时，叶片蒸腾作用大，水分供应不足，便会脱水导致茎秆皱缩死秧。其防止办法：①高温时遮阳，勿通风排湿；②栽前深耕；③定植后控水蹲苗，控秧促根；④高温期勿缺水。

4. 缺水冻害死秧 由于水分的持热能比空气高，所以冻害多为土壤空隙缺水所致。其防止办法：①创建生态设施，白天温度达到25℃～32℃，下午盖草苫后30分钟可保持18℃，下半夜最低13℃的要求，就不会受低温危害；②冻前浇足水，以防止缺水土寒沤根。

5. 水害沤根死秧 土壤过黏,浓度过大,浇水过重,使根系泡在无氧土壤中长达 56 小时左右,将导致根茎呈水浸状腐败,整株枯死。其防止办法:①掺沙改良土壤,增强透气性;②前期不旱不浇,后期浇水勿涝;③浇水后松土透气;④整平田畦,避免积水。

6. 根浅闪苗死秧 如果天气连阴 6 天以上,根系萎缩后吸收功能减弱,放晴后遇高温强光,会使植株脱水闪苗,茎秆软化折伏死秧。其防止办法:①弱光低温期施 EM 地力旺菌肥,以平衡土壤和植物营养,避免或减轻根系萎缩;②连阴天突然放晴时,应逐渐让作物见光升温,让其有一个逐步恢复适应的过程。

7. 粪害灼伤死秧 未腐熟的粪肥在室内高湿环境中易发酵而产生高热伤根,致使根茎变褐而整株枯死。其防止方法:①每 667 平方米施牛粪、鸡粪各 2 500 千克左右为宜,勿过量;②有机肥腐熟要达到 7 成,勿过生或过熟;③穴侧施,勿圈施,使根系有回避余地。

8. 虫害蛀根死秧 施未腐熟的粪肥易发生虫害,将根茎连接处咬断和蛀空根心,致使植株枯死。其防止办法:①拌 EM、CM 微生物剂或敌百虫沤粪除虫;②在根茎处撒毒饵,每 667 平方米可施草木灰 20～30 千克,腐殖酸肥 200 千克,硅肥 80 千克,以避蛆虫;③用 1%碳铵水作叶面喷洒,或用兔、羊、牛粪各 1 份对水 5 份搅拌后,喷浇于有虫植株的周围,驱逐地老虎、金龟子、蝼蛄等地下害虫;浇施硫酸亚铁 300 倍液可杀根蛆 80%以上。

9. 缺铜染病死秧 铜是植物的保健元素,可促使植株表皮木质化,增强抗性。缺铜可使真菌、细菌侵入机会增加,使根茎皮腐死秧。其防治办法:①每 667 平方米浇施硫酸铜 2

千克,需在定植前 15 天进行；②苗期叶面喷 1～2 次络铵铜液,可保苗保秧。

10. 嫁接有误死秧 嫁接有误,伤口愈合不好,表皮连接少;接穗的自生根未及早剪除或误剪,将使其抗性弱,低温期会引起受冻根茎呈褐红色软腐而死秧。其防治办法:①砧木割至茎粗的 2/3,接穗割至茎粗的 1/2;②及早剪除自生根;③在有伤口处涂抹络铵铜 20 倍液,使伤口愈合。

三、营养平衡

20 世纪 60 年代以前,我国多数地区靠施用农家肥种菜,产量低;70 年代,人们认识到了氮素化肥的增产作用;80 年代,认识了磷素化肥显著的增产效果;90 年代对钾肥和微量元素的增产作用有所认识,并大量应用,并对植物所需营养有了一个全面完整的认识和应用。但是随着蔬菜种植面积的扩大,人们在施肥上有两个错误倾向:一是对作物所需营养的比例和知识掌握不全面,多数人认为产量低是肥不足,故氮、磷投入量过大;二是对土壤现状测试不普及,广大菜农对菜田养分含量不掌握,菜价越好,投肥越多,盲目性很大,有的人氮、磷一季一茬投入量超标 3～4 倍,使肥害和土壤积盐成为生产上的一大公害。

植物同动物一样,饥饿与饱和都有一个信号系统在指挥进食和拒食的品种和数量,以调节营养物质的吸收和分配,植株体内的这个信号分子就是蔗糖。菜叶将太阳能转化成化学能的光合产物,合成的糖和氨基酸通过蔗糖这一运输营养即信号分子,将光合组织中的产物运向无光合作用的组织,这种不光合组织被称为“渗坑”,如根、果实、茎等。“渗坑”组织是依赖叶片制造糖分和氨基酸来维护生长发育，植物整体实质是以纤维组织内蔗糖浓度高低之间产生压力差，而导致营养液流动；以叶片的水分蒸腾来拉动水分、矿物质的吸收，使作物在平衡与不平衡中交换运行而生长发育。

土壤营养浓度小，“渗坑”就大，植株易徒长，茎秆纤细，蔬菜就长不大，抗逆性差，产量及品质低。有的人认为施肥就能猛长，只是暂时的不协调罢了。如果土壤营养浓度过大，“渗坑”就小，或者失去“渗坑”作用，自身就失去信号传递和调控能力，致使植株矮化不长或萎缩，营养循环受阻，出现生理障碍及反渗透，造成植株脱水死秧或毁种。

蔬菜要获得高产，需保持适中的植物“渗坑”效应和正常的渗透压及土壤浓度，过重投肥还会造成土壤板结，营养素相互拮抗，使产量大幅度下降。科学的施肥原则，应是掌握土壤浓度适中，即每 667 平方米保持纯氮 19 千克，有效磷 7 千克，纯钾 40 千克，施肥时要减去土壤自生的部分（大约氮 4 千克、磷 2 千克、钾 10 千克）和前作的有效营养剩余量。投肥量要根据苗情和产量酌情增减。施肥量一般的规律是：新菜田和瘠薄土壤可多施点，老菜田和连种 3 年以上的地块应少施点，硼、锌肥要补点，注重穴施腐殖酸生物肥，肥害苗及时控肥浇水，根外喷调节剂；使植物“渗坑”作用适中，盐渍化、肥害菜田浇大水或揭棚雨淋压盐。覆盖瘠薄土，缓冲耕作层土壤浓度，减轻肥害，提高产量。

蔬菜所需要的氮、磷、钾大致比例是 3.3∶0.8∶5.1。每 667 平方米生产 1 万千克蔬菜需投纯氮 33 千克，五氧化二磷 8 千克，氧化钾 51 千克，因作物对氮肥只能利用 40%，对磷肥只能利用 20%，对钾能只能利用 90%左右。磷主要穴施在前期，钾用在生长旺盛期和膨果期，氮用在中后期。有机肥内氮每667平方米保持19千克即可满足生长需要，硼、锌等元素大致一茬菜用1千克即达到平衡高产的水平。氮过多，植株会导致龟缩头；磷过多，果打顶；钾过多，会抑制作物对锌的吸收，使植株矮化。氮、磷、钾三要素过量，需采取大水排肥或填瘠薄土予以缓解，所以在施肥上，一是掌握营养要全，要大力推广多种成分的蔬菜专用肥，如腐殖酸有机肥、EM微生物菌肥和CM微生物肥菌肥；二是要推广穴施肥，以提高利用率，诱根深扎；三是要掌握适时适量，超量的要施微生物菌剂减肥；四是掌握因土施肥，缺啥补啥，这样就可做到平衡施肥。

（一）蔬菜生态平衡施肥方案

近年来，菜农大多比较重视氮、磷、钾化学肥料的投入，但比例不合理的现象十分严重，土壤日趋恶化。植物营养不平衡，易感染多种病害，致使产量、质量下降。因此，实行平衡施肥要考虑以下因素。

1. 按土壤质地施肥 据兰州师范大学调查，我国耕地51.5%缺锌，46.9%缺硼，21.3%缺锰，6.9%缺铜，5%缺铁。据山西新绛县调查，老菜田（4年以上）76%缺有机质，58%磷过剩，30%缺钾，14%钾过剩，42%有氮害，3%有氨害。因此，各地菜农在施肥时应从实际出发，讲究营养比例，根据施肥标准进行平衡施肥。

2. 按营养素的作用施肥 氮主长叶片，磷分化花芽、决定根系数目，钾主长果实，钙固体增硬，镁决定光合强度、防裂，硫增糖度并促进蛋白质合成，锰增强抗逆性，锌生激素促长，硼壮果抗生理病害，钼提高抗旱性，硅促根抗热，锰、铜抑菌促长，碳膨果壮秆，氧提高吸收能力、促进营养运转，氢养根等，16种主要营养素缺一不可。

另外，有机氮肥的当季利用率只有30%～35%，矿物磷肥的利用率只有10%～20%，钾肥利用率只有80%～90%。应注意肥料施用量的掌握。

3. 按肥料特性施肥 氮肥易挥发，以沟施为好。磷肥易失去酸性与土壤凝结失效，应与有机肥混合穴施或根施。钾肥不挥发，不失效，可基施少量，根据产量上升随水冲施。硼肥应用热水化开，随水浇施或在高温低温期作叶面喷施。锌应用凉水化开，单施或与其他肥混施。钙在高温、低温期作叶面喷施，冲施浪费量大，因土壤中一般不缺钙。铜随水在苗期冲施、穴施，既能杀菌，又能促长，也可作叶面喷施。锰、钼以叶面喷施为好。硅肥可冲施和根外喷施。铁不影响产量只影响质量，可喷施、浇施。

4. 按作物需要施肥 植物体含碳45%，氧45%，氢6%。蔬菜生长所需碳、氮比为30∶1，有机质含量3.5%。土壤浓度为：碱解氮100毫克/千克，速效磷24毫克/千克，钾240毫克/千克。果菜类要注重钾，补充磷、氮肥。前期注重氮扩叶，后期注重钾长果，早期注重磷长根。叶薄时补氮，僵化小叶补锌，干尖补钙，心腐补硼，染真菌病补钾补硼，细菌病补钙补铜，染病毒病补钼、补锌。

5. 蔬菜基肥施用方案 有机肥（畜禽粪、秸秆肥、饼肥、腐殖酸肥等，每667平方米施牛粪、鸡粪各2500千克左右，新菜地可多施50%）＋微生物菌肥（EM地力旺菌肥、CM亿安神力菌肥、农大哥菌肥等，液体肥1～2千克，固体肥10～40千克）＋钾肥（硫酸钾、生物钾肥、磷钾矿粉25～50千克）＋植物基因诱导剂（苗期用）。

(二)腐殖酸对蔬菜持效高产的作用

1. 胡敏酸对植物的生长刺激作用 腐殖酸中含胡敏酸38%,用氢氧化钠可使胡敏酸生成胡敏酸钠盐和铵盐,施入农田能刺激植物根系发育,增加根系的数目和长度,增强植物耐旱、耐寒、抗病能力,生长旺盛。深根系主长果实,浅根系主长叶蔓,故发达的根系是决定果实丰产的基础。

2. 胡敏酸对磷素的保护作用 磷是植物生长所需大量要素之一,是决定根系的多少和花芽分化的主要元素。磷素是以磷酸的形式供植物吸收的,一般当时当季利用率只有15%～20%,大量的磷素被水分稀释后失去酸性,被土壤固定,失去被利用的功能,所以磷只有同有机肥结合穴施或条施才能持效。腐殖酸中的胡敏酸与磷酸结合,不仅能保持有效磷的持效性,并能分解无效磷,提高磷素的有效利用率。无机肥料过磷酸钙施入田间极易氧化失去酸性而失效,利用率只有15%左右,而腐殖酸磷肥的利用率比过磷酸钙高2～3倍,达30%～45%。每667平方米施50千克腐殖酸磷肥,相当于100～120千克过磷酸钙。

3. 提高氮、碳比的增产作用 蔬菜高产所需要的氮、碳比为1∶30,增产幅度为1∶1。近年来,有的菜农不注重有机肥的施用,化肥施用量大,氮、碳比仅为1∶10左右,严重地制约了产量。腐殖酸肥中碳含量为45%～58%,增施腐殖酸肥,蔬菜增产幅度达15%～58%。

4. 增强植物的吸氧能力 腐殖酸肥是一种生理中性抗硬产品,与一般硬水结合1昼夜不会产生絮凝沉淀,能使土壤保持足氧态。因为根系在土壤19%含氧态中生长最佳,有利于氧化酸活动,可增强水分营养的运转速度,提高光合强度,增加产量。腐殖酸肥中含氧 31%～39%。施入田间时可疏松土壤，贮氧吸氧及氧交换能力强。所以腐殖酸肥又称呼吸肥料和解碱化盐肥料。

5. 提高肥效作用 腐殖酸有机肥采用高新技术，使高浓度的多种有效成分共存于同一体系中，多数微量元素含量在10%左右，活性腐殖酸含有机质 53%左右。大量试验证明，综合微肥的功效比无机物至少高 5 倍，而叶面喷施比土施要高许多倍。腐殖酸肥含络合物 10%以上，叶面或根施都具有多种功能，能提高叶绿素含量，尤其是难溶微量元素发生螯合反应后易被植物吸收，从而可提高肥料的利用率，所以腐殖酸肥还是解磷固氮释钾的肥料。

6. 提高植物抗虫抗病作用 腐殖酸肥中含芳香核、羰基、甲氧基和羟基等有机活性基因，对虫有害，特别对地蛆、蚜虫等害虫有忌避作用，并有杀菌、除草作用。腐殖酸中的黄腐酸本身有抑制病菌的作用，若与农药混用，将发挥增效缓释能力。对土传菌引起的植物根腐死株，施此肥可杀菌防病。腐殖酸还是生产绿色食品和无土栽培的廉价基质。

7. 改善农产品品质 钾素是决定产量和质量的大量元素。土壤中，钾存在于长石、云母等矿物晶格中，不溶于水。如腐殖酸肥中含这类无效钾为 10%左右，经风化可转化 10%的缓性钾，速效钾只占全钾量的 1%～2%，经化学处理 7 天后可使全钾以速效钾释放出 80%～90%，从而使土壤营养全，病害轻。腐殖酸肥中含镁量丰富，镁能促进叶面光合强度，使植物生长旺盛，产品含糖度高，口感好。腐殖酸肥对植物的抗旱、抗寒等抗逆作用，对微量元素的增效作用，对病虫害的防治和忌避作用，以及对农作物生育的促进作用，最终表现为改进产品品质和提高产量。生育期注重施用该肥，产品可达到无公害食品标准。

目前，河南生产的抗旱剂一号，新疆生产的旱地龙，北京生产的黄腐酸盐，河北生产的绿丰95、农家宝，美国生产的高美施等均为同类产品，且均用于叶面喷施。叶用是根用的一种辅助方式，它不能代替根用。腐殖酸有机肥是目前我国惟一用于根施的高效价廉的专利产品。由山西省新绛县财吉腐殖酸有限公司生产的昌山红牌腐殖酸肥，投入产出比达1∶9，施用效果显著。

（三）有益菌对蔬菜生产的增产作用

农业低效益的原因，主要是对自然界能源利用率太低。一是对阳光利用率低。单位面积上太阳光的利用率在1%以下，即使是合理密植的作物在生长旺盛期，对太阳能的利用率也只有6%～7%。二是对粪肥的利用率低。有机肥的营养平均利用率在24%以下，化肥合理施入的利用率为10%～30%，盲目施入浪费量高达80%左右。对空气中含量为73.1%的氮营养利用率仅在1%以下。三是对光合产物的可食部分利用率低。水、土、光、温等自然生态环境，使作物经历生长发育的耗能数倍的过程后，其可食部分也只占整个植物体的10%～40%。

过去，农业科技人员多着眼研究植物地上部的投入产出，即依赖光合作用生产食品，而忽视地下部分的有机物转化，即不通过光合作物合成的食品。实际上，利用EM、CM微生物菌肥将动植物残体中的长链分解成短链，将碳、氧、氢、氮营养团直接组装到新生植物体内，形成不通过光合作用而产生的食物，而且合成速度及数量大得惊人，至少是光合作用的3倍以上。

1. 过去对微生物的忽视 ①1克CM培养菌液中含有益微生物30亿～350亿个。②作物连作障碍(死秧)和各种缺素病症,只依赖CM微生物菌肥就行。③忽视CM微生物菌肥对植物和土壤营养平衡的防病增产作用。④不相信CM微生物菌肥能代替化肥、农药,使作物持续优质高产。

2. 微生物间的争夺生态位 地球上有上万种菌类微生物,总的分为两个派别:一是腐败菌,能使动植物致病,有机物腐败,放出臭气和毒素;二是有益菌,又称保护菌,能分解有机物可供动植物生长发育利用,保护动植物机体,将氨、硫化氢等有害小分子合成有机物供新生物体生长发育吸收。

3. 腐败菌对有机肥的浪费 日本比嘉昭夫教授认为:①有机物在腐败菌的作用下,温度高,热量损失多,其产生的氨、硫化氢、甲基吲哚、硫醇、甲硫醇、甲烷等臭味大,易灼伤植物根茎而染病死秧。②碳水化合物被分解成水和二氧化碳,蛋白类被消化菌分解为硝态氮,再被反硝化菌还原为无机分子氮,回归到空气中散失。碳素和氮素都有相当一部分没被植物利用而损失掉。施入有机肥的利用率只有22.5%左右,土壤较长时间的存留物实际上是残渣,高能量易分解的有机物已经人为地损失掉。

4. 有益菌的发酵合成作用 CM复合菌是由80多种微生物组成的集团,施入田间能很快改变土壤性质。其表现为:一是分泌的有机酸、小分子肽、寡糖、抗生物质等能杀灭败腐菌,从而占领生态位。二是微生物复合菌团能将腐败菌团中分解的硫化氢、甲烷等有害物质中的氢分解出来,将原物质变有害为无害,并与酸解氮、二氧化碳固定合成为糖类、氨基酸、维生素、激素,使分解菌繁殖加快,从而为植物提供丰富的营养。三是CM复合菌中的乳酸菌、放线菌、啤酒酵母菌、芽孢杆菌等，将纤维素(木质素)、淀粉等碳水化合物在酶的作用下分解成各种糖。将蛋白类分解成胨态、肽态、氨基酸态等可溶性有机营养，直接组装到新生植物体上，成为不需要光合作用而形成的新植物体和果实。据测算，有机物在这种土壤中，属于扩大型循环，营养利用率可达150%～200%(据日本《微生物应用新观点》)。

5. 有益菌能使动植物残体营养直接分解组装到新生植物体上 有机物即动植物残体在腐败菌的分解作用下，将二氧化碳和氮回归到空气，再被叶子光合作用合成有机物，利用率很少，在1%以下，且过程复杂漫长。而有机物在有益菌作用下，将碳、氢化合物分解成多糖、寡糖、单糖和有机酸，可被新生植物直接吸收，二氧化碳没有回归到空气的机制。蛋白质分解成胨态、肽态、氨基酸态等可溶性物质，也可被新生植物直接吸收，氮分子无回归空气的机制。这种以菌丝体形态的有机循环捷径，既不浪费有机质能量能源，而且使碳、氮、氢、氧等以团队形式组装到新生植物上，使作物生长平衡和快捷。比如，葡萄糖中，这一个单糖中含有6个碳、6个氧、12个氢，而一个寡糖中含量又相等于15个左右的单糖，其有机营养可成团结队的直接进入新生植物体内，而不通过光合作用就成为新生植物体和果实。

6. 利用有益菌应少施氮、磷肥 腐败性土壤形成的原因，主要是化肥，特别是氮、磷肥积聚过多。一是尿素、硝铵、碳铵、磷酸二铵等含氮肥料施入田间后，在土壤硝态菌的作用，变成亚硝酸盐(致癌物)，不仅对土壤生态营养平衡有害，而且亚硝酸盐富集后被作物吸收，其产品被人食用后，对身体危害很大。二是磷富集，使土壤板结，透气性低于19%，作物长不旺而矮化。有机肥中拌硝态氮化肥，可将有机质和化肥中的氮释放掉，造成浪费。

碳素加微生物的应用，可减少60%～80%的氮、磷肥的投入，因为它具有固氮解磷功能和直接将有机物转换的作用。只要在每667平方米农田中投入牛粪（含碳26%）、鸡粪各2500千克或秸秆（含碳45%，氧45%，氢6%），在CM菌或EM菌作用下，只需补充少许钾肥，其他16种营养都可调节平衡，不需要再补充，每667平方米可产果实1万千克以上。

7. EM菌或CM菌＋牛粪＋诱导剂＋硫酸钾＝果菜产量翻番 CM菌与根结线虫、韭蛆等地下害虫和蚜虫、白粉虱、斑潜蝇等传毒性飞虫接触，成虫不会产生变态酶（脱皮素），虫不能产卵，卵不能成蛹，蛹不能成虫。CM菌中的乳酸菌和放线菌不仅能抑制腐败菌和病毒，其活性中含有肽、抗生素、多糖可防治叶霉病、灰霉病、晚疫病等病害。CM菌能将根与秧、蔓与果，土壤营养调节平衡。特别是对锌、硼、钙、钾、碳等几种防病膨果的营养分解成可溶性元素，达到抗病增产作用。CM菌能平衡土壤和植物营养，控病抑虫，解除肥害，有害病菌可降低70%，植物基因诱导剂可增根70%左右。

生产实践证明，有机质碳素粪肥（秸秆、牛粪、腐殖酸肥等）与CM、EM微生物菌剂拌施或冲施，可获得高产优质，产量可提高1倍左右。

（四）碳对蔬菜的增产作用

碳、氧、氢是以气化物供植物吸收利用的，它们是植物的首类三大元素，占作物体鲜重的75%～95%，碳在植物体内干物质中占45%，是组成植物体的主要成分。

动植物有机质残体与土壤结合，形成较多的物质是碳水化合物（纤维素、果胶质、淀粉等多糖物），在微生物分泌物的作用下，将碳水化合物分解成单糖，又在好气性微生物的分解下，最后产生二氧化碳和水。

绿色植物全都具有将根系吸收的水分和叶片气孔吸收的二氧化碳在叶子中合成糖的能力。所以植物残体转化成二氧化碳形态，又供植物叶片光合作用吸收。叶通过吸收二氧化碳，能使植物体粗壮，叶色变绿，特别能使果实营养快速积累而膨大。2005 年，山西新绛县西曲村赵五喜、马玉龙在每 667 平方米茄子、西葫芦田施鸡粪 2 500 千克，施玉米秸秆或牛粪 2 500 千克，结果产量比单施鸡粪(同样体积数量)增产60%～70%。

(五)植物基因诱导剂(氢、氧)对蔬菜抗病增产的原理及应用实例

蔬菜使用植物基因诱导剂后，其光合速率比对照株提高 1 倍以上(国家 GPT 技术测定为 50%～491%)，植物整体细胞活跃量提高 30%左右，半休眠性细胞减少 20%～30%，对作物具有促进和矮化双向调控抗逆性能，增产效果十分明显。

1. 增产原理

(1)能大幅度提高植物光合作用和光合产物　一种作物能否接受和吸纳多种植物特殊性基因，对作物本身光合速率大小具有决定性意义，是当今人类向植物要果实，植物向阳光要速率的高新生物技术。植物基因表达诱导剂被作物接触吸纳后，作物光合强度增加 50%～491%，从而使作物超量吸氮，氮的利用率提高 1～3 倍；络铵酸增加 43%，蛋白质增加 25%，维生素增加 28%以上，从而达到不增加投入就可以达到高优品质。

(2)提高二氧化碳的利用率　施用植物基因诱导剂后，作物光合速率大幅度提高，从而导致二氧化碳将同化率也大幅度提高，能使作物对二氧化碳利用率提高200倍，从而能使叶色变深，光合强度加大，使产量大幅度提高。

(3)充分发挥氧气的作用　光能将水分在作物体内分解成氢和氧，氧足能使植物在低温高湿环境中利用蓝、紫光产生抗氧的高光效应，嫌气性病菌就无生存繁衍环境。同时，病菌在真空和高氧环境中也不能生存，所以施用植物基因诱导剂，还有高氧灭菌、灭虫的作用。蔬菜秧苗矮化和协调健壮生长，不易染病，就是多氧抑菌增抗性的作用。氧足能使植株花蕾饱满，叶、秆壮而不肥，花蕾成果率高。

(4)充分发挥氢的作用　作物产量低源于病害重，病害重源于缺素，营养不平衡源于根系小，根系小源于氢离子运动量小。使用基因诱导剂，光合作用提高后，便会产生大量氢离子向根部输送，使根系吸收力加大，难以运输的微量元素如铁、钙、硼等离子活跃起来，使植物达到营养平衡最佳状态，不仅抗侵袭性强，而且产品丰满。

2. 蔬菜生产如何准确应用植物基因诱导剂

(1)在西红柿生产上应用的范例　西红柿在2～5片真叶前喷施800倍液植物基因诱导剂，株高比对照降低一半以上(6厘米左右)，根系增加1.2倍；移栽缓苗后灌根，秆粗节短，叶小厚绿，坐果位降低4～10厘米，层距22厘米，1.8米株高可坐果8～10穗，越冬温室栽培无须用2,4-D等蘸花，也可保蕾保花，早坐果，早上市7～10天。

山西新绛县闫家庄闫生宝，2004年在温室西红柿上应用植物基因诱导剂，8穗果株高1.1米，叶伸展度宽，坐果早而大，增产33%。王党海在西红柿栽植后，施用植物基因诱导剂，每667平方米增产2500千克。因每株根系增加49根，吸收能力提高1.1倍，植株几乎不会因缺素染病，少投入农药、化肥66%，节支1100余元。

植物基因诱导剂施用方法：每667平方米用原粉50克，放入塑料盆或瓷盆（不能用铝、铁盆），倒入500毫升沸水化开，存放24小时后，再对40升水灌根，或对50升水全株喷洒。灌、喷后1小时浇水。选在可浇水前和白天温度为25℃～32℃时施用为佳。

(2)*在茄子生产上应用的范例* 山西新绛县下院村兰春龙在2004年8月8日反映：今年他家大棚茄子沾了硫酸铜、植物基因诱导剂和EM地力旺菌肥的光，没有死秧现象。叶片一直健壮无病生长，茄果大、色亮。4月份，南李村棚内茄子出现叶子上黑点流行病，而他家的茄子秧一个也没有传染上。全村40多个棚收入均在1.8万～2.3万元，比没有用植物基因诱导剂的南李村每667平方米产值增加5000～10000元。

植物基因诱导剂在茄子上应用的好处：①根系可增加1倍以上，抗冻耐寒，营养平衡，越冬几乎无僵果。②防徒长。株高低50%，第一果距地面10～15厘米，比对照低20厘米左右，株高1.3米可生9～10层果。③坐果率高。80%的腋芽处能生果2～3个，并可同时膨大，增产20%～60%。

植物基因诱导剂的施用方法：每667平方米用50克原粉，在塑料盆或瓷盆用500毫升沸水化开，存放24小时后，随水冲入苗圃，或栽后对水40～50升灌根，施药后覆土，1小时后浇水。施用诱导剂后，要少施肥料30%，几乎不需打药，还可防止因重茬造成的黄萎病死秧。

(3)*在西葫芦生产上应用的范例* 山西新绛县南李村南生全2004年越冬栽培西葫芦，11月播种，12月中旬定植，当时外界气温达－15℃左右，室内不加温，定植时每667平方米用50克植物基因诱导剂对水45升，在5叶时喷1次，开花期又喷1次，喷过的植株比没喷的矮15厘米左右，双瓜膨大，无冻害、虫害，增产40%以上，而未施用的茄子不同程度地出现蔓枯和冻死株。

新疆阿克苏市农技推广站，用植物基因诱导剂400倍液在定植葫芦时每株灌根20毫升。其结果是：叶柄比对照平均短7.6厘米(15∶22.6)，雌花多7个(36∶29)，植株开展度小21厘米(80.2∶101.7)，单株产量高2.7千克(6.9∶4.2)，提早上市10天，且耐冻抗病。试验还证明，每株灌250毫升，则植株过小，产量与没灌的持平，说明温度、湿度与浓度有关，即高温干旱期不宜喷过高浓度或过多的植物基因诱导剂溶液。

植物基因诱导剂施用方法：将50克原粉放在塑料盆中，用500毫升开水化开，存放24小时，气温在22℃左右时，对20～50升水灌根或喷洒，1小时后再浇1次水或叶面喷1次清水即可。

(4)在白菜、甘蓝、芹菜生产上应用的范例　新疆农一师六团园林处乌什县城关菜地在2004年8月31日用植物基因诱导剂600倍液给每株白菜灌根25毫升或作叶面喷洒，11月21日调查结果是：每667平方米栽2778株，用植物基因诱导剂灌根的单株重4.87千克，喷雾的单株重4.36千克，对照为2.98千克；施用的增产46.3%～63.4%，每667平方米产量高达12112千克和13529千克，对照为8278千克。白菜生长过程中没发现病毒病、霜霉病和软腐病，白菜包心紧实，口味脆甜。

山西新绛县宋温庄子柳宝贵2004年在早春小棚甘蓝上用植物基因诱导剂800倍液灌根，包球实，外叶少，不抽薹，早上市12天(4月23日),每667平方米产值4500元左右,比对照增收2000元左右。

湖北省孝感市大悟县农业局蔬菜站用植物基因诱导剂1000倍液在早春西芹上喷洒1次,收获时比没喷的株高15厘米左右,株壮叶绿,无病虫害,产量提高30%以上。

植物基因诱导剂施用方法:将50克原粉放入塑料盆中,用0.5升开水冲开,存放24小时,对水50～100升作叶面喷洒,喷后1小时再喷1次清水即可。高温干旱期应多对水,反之则少对水。宜在20℃～25℃时施用。

(5)*在辣椒生产上应用的范例* 甘肃省兰州市白银区水川镇金锋村吴明全,2001年12月育辣椒苗260平方米,用植物基因诱导剂1800倍液浇幼苗165平方米,95平方米没浇。10天后观察,浇过的秧秆粗叶厚,色浓绿,挖出看根粗壮白净,毫无病症。用这种苗定植了8间温室,5天后观察,缓苗快,节间短,开花早而多,不落花落果,没有一株染病虫害,早上市10天左右。而用对照苗定植的3间温室均不同程度地染根腐病、黑秆病。

(6)*在黄瓜生产上应用的范例* 山西稷山县宁翟堡曹来学等菜农,2002～2006年分别在大棚越冬黄瓜3叶和5叶时,用植物基因诱导剂800倍液作叶面喷施,每667平方米用量50克,产黄瓜1.4万千克,收入2.3万元左右。黄瓜一生几乎没病害影响,未施用化学农药,管理省事,仅节省肥料、农药投资就达1000元,增产40%左右。

植物基因诱导剂对蔬菜有目的的应用方法是:将50克原粉放入塑料或瓷盆内(勿用金属容器),倒入0.5升沸水冲开,存放24小时待用。如打算让植株倾向于抗冻,矮化,根深,耐高温、高湿,抗重茬,控病,抗虫等,可对上述原液再对20～30

升水，全株叶喷湿后待 30～40 分钟再喷 1 次清水；或每幼株浇 5～8 毫升，灌根后 1 小时均匀地重浇 1 次水即可。该浓度为特殊用量，以白天温度为 25℃～32℃，夜间为 15℃～21℃，湿度 85％以上时施用为佳。如打算让植株倾向于根多茎粗，控秧促根，控蔓促果，控外叶促心叶，叶厚实，促授粉受精，提高产量和品质，耐涝、耐热，可用 50 克原粉用 0.5 升开水冲开，存放 24 小时，再对 40～60 升水，对叶面喷湿后，酌情喷水渗透；或每株浇 4～8 毫升，灌根 1 小时后轻浇 1 次水即可。该浓度宜在温度 20℃～28℃时进行。低温、幼苗期使用浓度要低些或慎用，植株大的施用浓度也可大些。如植株长势健壮、营养生长和生殖生长平衡，幼苗期只施用 1 次即可。

如打算让植株倾向于耐盐碱，叶面积扩大，茎节拉长，生长加快，光合强度加大，大幅度提高产量，促使外叶和下部叶片生长衰败，缩短生长周期，提高前中期产量，可取原粉 50 克用 0.5 升开水冲开，存放 24 小时，再对水 100～300 升作全株喷洒，或每株浇灌 15～25 毫升，在冬季和早春低温、干旱、弱光期喷施和浇灌。

（六）钾对平衡菜田营养的增产作用

据山西省土壤肥料站和山西省农科院化肥网统计数字，目前高产高投入菜田普遍缺钾，一般菜田补充钾肥可增产 10.5％～23.7％，严重缺钾的补充钾肥可增产 1～2 倍。因土壤常量元素氮磷钾严重失调，缺钾已成为影响最佳产量效益的主要因素。据日本有关资料，氮素主长叶片，磷素分化幼胎、决定根系数目；钾素主要是壮秆膨果，盛果期 22％的钾素被茎秆吸收利用，78％的钾素被果实利用。钾是决定茄果产量的主要养料。钾肥不仅是结果所需的首要元素，而且是植物体内酶的活化剂，能增加根系中淀粉和木糖的积累，促进根系发展、营养的运输和蛋白质的合成，是较为活跃的元素。钾素可使茎壮、叶厚充实，增强抗性，降低真菌性病害的发病率，促进硼、铁、锰吸收，有利于果实膨大和花蕾授粉受精等。钾对提高瓜类蔬菜产量和质量十分重要，茄子施磷、氮过多会出现僵硬小果，施钾肥后 3 天见效，果实会明显增大变松，皮色变紫增亮，产量大幅度提高。

钾肥不挥发，不下渗，无残留，土壤不凝结，利用率几乎可达 100%，也不会出现反渗透而烧伤植物。钾肥宜早施勤施。钾肥施用量，可根据有机肥和钾早期用量、浇水间隔的长短、土壤沙黏程度、植株大小、结果盛衰等情况灵活掌握。一般每 667 平方米 1 次可施入 7.5～24 千克，产量达 15 000 千克。叶茂时，需分 4～5 次投入 50% 含量的运字牌硫酸钾 200 千克左右；叶弱时，需投入含氮 12%、含钾 22% 的冲施灵 7 千克，供产果 250 千克，增产效果十分显著。

因富钾土壤施钾也有增产作用，又因两膜一苫大棚内钾素缓冲量有所降低，土壤肥力越高，降低幅度越小，因此土壤钾素相对不足的现象较普遍。所以，有机肥中含钾和自然风化产生的钾只作为土壤缓冲量考虑，土壤钾浓度达 240～300 毫克/千克时，果菜才能丰产丰收。

（七）17 种元素对蔬菜的解症增产作用

科学试验证明：农作物必需的 17 种营养素，缺一不长。

1. 硼的解症增产作用 1 000 倍液硼的营养，能防止空秆、空洞果、叶脉皱、腐心等症，投入产出比为 1∶168。

2. 锌的解症增产作用 700 倍液锌的营养，能预防秧苗矮化、黄化、萎缩以及感染病毒引起的畸形果、花面果、僵硬果等，投入产出比为1∶100～1000。

3. 铁的解症增产作用 800倍液铁的营养，可防止作物新叶黄白、果实表面色淡等症。

4. 锰的解症增产作用 650倍液锰的营养，可提高作物光合强度，降低呼吸作用，促进授粉受精，保花保果，投入产出比为1∶100～500。

5. 钼的解症增产作用 5000倍液钼的营养，可防止卷叶、冻害、叶果腐败，抑制抽薹开花，提高抗旱性，预防病毒侵染。

6. 钾的解症增产作用 每千克钾可供产果菜93～250千克，即每千克50%硫酸钾可供产果菜50～60千克，还可增加叶片厚度，防止植株倒伏，提高对真菌性病害的防御作用。

7. 磷的解症增产作用 300倍液磷的营养，可促进花芽分化，增加根系数目1倍左右，还可防止植株徒长、窄叶、缺瓜等症，每千克磷营养可供产果菜660千克。但须防止盲目多施。

8. 氮的解症增产作用 450倍液氮的营养，可防止下部叶黄化、叶片薄小、植株生育早衰。每千克氮营养可供产菜380千克。勿超量施用。

9. 碳的解症增产作用 每千克碳可供产菜12千克。秸秆含碳45%，腐殖酸肥含碳30%～54%，食草动物粪中含碳12%～26%。补足二氧化碳等碳素营养，可提高产量30%～80%，故应注重秸秆还田。

10. 钙的解症增产作用 300倍液钙的营养在高温或低温下喷施，可防止干烧心、生长点焦枯、脐腐果、裂果、裂茎，还可增加根的粗度，投入产出比为1∶60以上。

11. 铜的解症增产作用 500倍液铜的营养，可增加叶色绿度,抑制真菌、细菌病害和避虫,保护植株,特别对土传菌引起的死秧死苗的防治效果独特。

12. 硅的解症增产作用 500倍液硅的营养,可使植株组织坚固,防止茎叶变弱,可避虫咬,防止病毒病侵染。

13. 镁的解症增产作用 300倍液镁的营养,可防止整株叶色褪绿黄化,避免光合强度降低。

14. 硫的解症增产作用 500倍液硫的营养,可提高蛋白质的合成,增加果实甜度,防止整体生长变劣、根腐烂等症。

15. 氯的解症增产作用 500倍液氯的营养,可促进植株纤维化,茎秆变硬,抗病,抗倒伏,促进各种营养的运输和贮藏。

16. 氧的解症增产作用 高氧可灭菌抑菌,使嫌气性病菌不能生存繁衍,平衡植株生长。菜苗喷植物基因诱导剂可提高氧交换量的50%~491%,提高产量50%~400%。

17. 氢的解症增产作用 氢可促进各种营养素的流转,特别能扩根,使根壮株强,抗逆增产。浇施植物基因诱导剂,作物可增根1倍左右,并使地上部与地下部、营养生长和生殖生长平衡,达到高产优质。

总之,如果作物缺乏某种营养,其他营养再多,产量也难以提高。一种或几种营养过多,植株也不能平衡生长。营养素之间产生拮抗作用,又起互相抑制效果,使土壤和植株营养失衡,投入过大,反而使产量降低。所以,缺啥补啥,才能节支高产。

四、水分平衡

蔬菜含水量为90%以上。如果缺水,质差生长慢;水量大，土壤长期缺氧，会造成作物沤根；空气湿度过大，易染病而难以控制。故苗期应控水促长根，中后期小水勤浇，产量高；水分供应不均衡，蔬菜产量低、质量差。蔬菜土壤持水量一般控制在65%左右，根系透气性达19%～25%。为使土壤物理性状平衡，应采用节水防堵型渗头灌溉技术。

(一)节水防堵型渗头灌溉技术

喷灌比大水漫灌节水60%左右，渗灌比喷灌又节水52%左右，省工、省电、省肥45%～80%，冬季能保持土温平衡。渗灌比大水漫灌可防止土壤板结，降低空气湿度，土壤含氧状况好，对土传菌、气传菌引起的病害抑制效果佳，可减免打药防病用工和节省投资。但渗灌存在的主要问题是：第一次灌水后停止，渗头口易回流稀泥或诱导禾根长入而堵塞，造成再灌时渗水障碍，田间供水难以均匀平衡。如果采用猫眼活性炭网芯出水渗头，可解决这一难题。

猫眼网芯出水渗头形状呈猫眼状，渗头长和直径为1.8～2厘米，其中网芯是活性炭材料制成的微孔渗头，水只能出不能进，这样泥水就不能回流堵塞，根系也不能扎进和生长。该设备由太原春源科技有限公司开发生产（联系电话0351—3568266）。其设备及安装技术是：先建2米高的水池，池外距地面50厘米处焊接出水管，中间装一组过滤器，然后接通横向输水主管。再在温室内按东西长挖35厘米深、50厘米宽的壕，壕与壕的间隔为70厘米。每壕放入1根输水带猫眼渗头支管，渗头按位置距离有别，一般70厘米左右安装1个，可渗土层范围1米以上，土壤表层5厘米处可保持基本干燥。其应用优点：一是土壤表层透气性好，能保持含氧19%以上，使好气性微生物能正常繁育生长而制造和分解有机质，蔬菜根系不会因缺氧而沤根死秧；二是土壤表层湿度小，可避免和减轻因空气湿度大造成的真菌、细菌病害，从而减少用药投工费用；三是水分以35厘米土层深处为丰，有利于诱导根系深扎，吸收营养能力强，抗旱、耐寒、抵御病害力强，生态环境和营养供给平稳，蔬菜质量好、产量高。

(二)蔬菜浇水技巧

蔬菜的生物学特性系营养生长和生殖生长相继进行，管理上要求适当控制营养生长，促进生殖生长。二者间协调关系受水分的多寡影响很大。蔬菜性脆，不浇不长，具有喜湿怕旱的特点。但湿度大又易染病，所以，调剂好湿度就能控制住病害。蔬菜正常生长的湿度与多种病害发生的湿度大致一样，为78%～85%。如何才能既控制住病害发生发展，又不使蔬菜叶蔓疯长呢？这就需要根据温差、土质、施肥量和秧蔓长势及产量，来掌握浇水次数和多少。其浇水技巧和原则如下。

1. 按不同生育期特点，掌握小水勤浇 两膜一苫大棚蔬菜多在9～11月和翌年2～3月定植，要求在10月或翌年1月之前形成较深的根系群，蔓高掌握在1.7米以内，定植前10天土壤掌握慢水渗浇浇足，定植时点水栽苗。经5～6天，根系扎出土胎，与底湿接墒后，视缺水程度可快流速浇1次缓苗水，以后控水蹲秧，促根深扎，直至有70%的植株根果直径为5厘米左右、果把发暗时再浇水。若墒情好，根果水可延迟到采收前再浇。始收期植株矮小，叶面蒸腾水分量小，果数多，基肥足，砂壤土质，水渗快，可5～7天浇1次水；反之，要缓浇，10～15天浇1次水不等，水量要小。1月份为北方蔬菜冬衰期，如果不特别干旱，可不浇或少浇，以免地温大降，造成土壤缺氧沤根。3～4 月为生长旺盛期，随着叶面积增多，气温升高，产量增大，放气时间延长，浇水次数应增多，浇水量随之加大，可缩短到3～7 天浇 1 次水。5～7 月为遮荫管理阶段，四周通风，环境干燥，要浇水降地温，增加田间空气湿度，每 4 天浇 1 次水。浇水间隔时间按生长规律由长到短。

2. 根据肥土特点，掌握轻重缓浇 一般每 667 平方米施高质量的鸡粪、牛粪或饼肥各 5 立方米左右，土壤持水时间长，保水性好，地温较高，透气性强，浇水量可大些，间隔时间长些。有机基肥少于 4 立方米，浇水量宜小，以防水多造成叶蔓疯长。如追施氮素化肥过多，造成肥害或气害，要及时浇重水，以缓释土壤浓度，防止植株造成反渗透而使蔓茎干皱和叶片失水干枯；碱性土壤（pH 值大于 7.5）需重浇压碱，防止小水频浇致使盐分随水上升，造成耕作层泛盐碱；沙性土壤水分易下渗，需缩短浇水时间，满足根系需水要求，防止干旱伤秧；黏性土壤团粒结构致密，可轻浇缓浇。

3. 看蔓、果长势，掌握控促补浇 叶片直径大于 20 厘米，茎节超过 8 厘米，叶茎生长快，要控水少浇；叶色墨绿，生长点缩成一团，果皮色无光泽，扁果多，为缺水表现，要及时补给水分；如心叶淡黄，秧头抬起呈塔形，叶大而薄，果不膨大，空节多，系水分过多表现，应控制浇水，防止徒长，并要逐步使植物失水，以控制地上部分生长，促使根系深扎。如打药浓度过量造成药害，要立即浇水，补充水分，遮荫降温保湿，以免植株过于脱水造成枯萎，减轻药害。叶片发病重应停止浇水，排湿降温，以保秧护蔓为主要管理目的。果壮，皮色暗，采收前应浇水，以利于增重增鲜。

4. 看天气温度，掌握早中晚浇 一般在凉爽温暖天气，选晴天中午浇水，以便于提高地温，保持湿度，促进果蔓生长；

连阴天只要白天最高气温在20℃以上,夜间最低温度能保持在12℃以上,可放心浇水。撤膜期间,以下午至傍晚浇水为好,因这段时间气温高,通风好,夜间不会湿大染病,浇水后可降低夜温,有利于营养积累,提高产量。覆盖期间,以早上浇水为适,中午高温时排湿,晚上保持叶背无露水,以防止湿大染病。冬季浇井水增温,炎夏浇井水降温。凉爽季节浇河水,以增加田间微生物和有机质。低温来临之前浇水,可给土壤带来一些热量,应防止因植物体内缺水引起生长障碍造成的不生新根枯死症。

5. 根据病害发生规律,闭棚闷棚调浇水 蔬菜发病要求中温、高湿。霜霉病、灰霉病、蔓枯病发生,要求相对空气湿度为85%以上;黑星病、炭疽病发生要求空气相对湿度为95%以上。两膜一苫大棚栽培蔬菜湿度大,有利于病害的发生和蔓延,管理上要采取闭棚闷棚等措施,以创造适合蔬菜生长而不适合病害蔓延的生态环境。其操作方法是:上午闭棚,使室温提高到28℃~32℃(28℃以上不利于病害发生蔓延);下午通风,将湿度降低到60%~70%(低湿不利于病害发生蔓延);傍晚通风3小时左右,可减轻蔬菜叶夜间吐水50%左右,以减轻病害。如果晚上最低温度达13℃以上,应整晚通风,使湿度降到65%~75%,叶面无水滴水膜,不染病。选晴天早上浇水,浇完后闭棚,使温度提高到40℃左右,闷1~2小时后通风(由小至大)排湿,晚上继续通大风降湿,就可防止病害发生。

五、种子选择与处理平衡

蔬菜种子要符合国家标准二级以上的要求,选用高抗寒、饱满、抗病的品种。越冬生产要选用耐低温弱光、色泽油亮、产量高、果形好的品种，圆形茄子如天津快圆、茄杂2号、茄杂5号、茄杂8号等；长形茄子如美引茄冠、大红袍等。两膜一苫大棚及早春大棚栽培应选用早熟品种，如天津快圆、陕西大牛心、新绛大红袍等。每667平方米用种子50克。

选好种子后，用高锰酸钾1000倍液或硫酸铜400倍液浸种，用73℃高温或－15℃冷冻消毒。栽植密度应按株型大小、耐热耐寒性把握平衡，以免密植徒长造成减产。

六、密度与整枝平衡

蔬菜定植密度应按土性、肥力、上市要求和品种特性确定，每667平方米栽1300株或2000株、3000株都能取得高产。根据品种、季节、肥力确定密度，合理整枝达到充分利用地面空间和光照，使植物平衡生育，就能取得最佳效果。蔬菜在大棚内栽培一般多秆生长。高产品种、高产季节宜稀植；高温季节、土壤瘠薄宜稠植。越冬栽培茄子，每667平方米栽茄杂2号1300株，天津快圆2000株。早春拱棚栽培茄子2000～2800株。土壤肥沃栽稀些，反之稠些。耐寒晚熟品种稀些，如陕西大牛心、河北茄杂2号，每667平方米栽1300～1500株；早熟品种，如天津快圆、茄杂4号，每667平方米栽2000株。

果实开始膨大，将果穗以下的侧枝和下层老叶摘除。茄子实行双秆整枝，即对茄坐果后，出现四个头枝秆，选留两个位置适当的健壮主秆枝。此后出现4个枝，再去掉2个枝，始终保持2个主秆枝，每次结2个果。如植株小，有空间，可在左右植株上留3个主秆生长，充分利用空间提高产量。5月下旬，双秆枝高达 1.7～2 米，需吊枝引蔓，防止折枝伤果。

七、温度平衡

蔬菜喜温，生育适温为 22℃～30℃。温度低于 17℃，蔬菜生长缓慢，较长时间处于 7℃～8℃会发生冷害而出现僵果。温度高于 40℃时，花器生长受损。定植后缓苗，温度宜高些，白天保持 28℃～30℃，下半夜不低于 13℃，地温保持在 20℃左右，缓苗后温度要降下来；果实始收前，晴天上午保持 25℃～30℃，下午保持 28℃～20℃，前半夜保持 20℃～18℃，后半夜保持 12℃左右；果实采收期，上午保持 26℃～32℃，下午保持 30℃～24℃，前半夜保持 21℃～18℃，后半夜保持 10℃～13℃；阴天时白天保持 20℃左右，夜间保持 10℃～13℃，低于下限温度会出现僵果和烂果。在冬季低温弱光期，一般保低不放高，即白天气温不低于 18℃，地温争取保持在 18℃。生产圆形茄，棚膜不能用聚氯乙烯绿色膜，以防止长出阴阳僵化果，用聚乙烯紫光膜增产显著。冬季气温一般不会超过 36℃，光照弱，没有必要把气温调得很高，否则养分消耗多，产量低，对低温寡照期安全生长不利。春季到来后，光照度逐渐加大，日照期加长，应尽可能按前述温度指标进行管理。谨防温度高、水分多、氮肥多引起植株徒长。结果盛期，光合作用适温为 25℃～32℃。前半夜适温为 20℃～15℃，使白天制造的养分顺利转运到根部，重新分配给果实生长和叶茎，达到生殖生长和营养生长、根系生长和地上部生长的平衡；后半夜适温为 13℃，可短时间为 10℃，使植株整体降温休息，降低营养消耗量，以提高产量和质量。但长期低温不宜授粉受精，会出现僵果和畸形果。

(一)蔬菜保温防冻14法

按常规法管理,蔬菜根系在9℃左右生长受到影响,花蕾低于12.8℃难于授粉受精,甚至发生冻害。如果采取相应的措施,自生根可忍耐6℃～7℃低温,不受冻害。采用室内加温防冻,易造成烟害和忽冷忽热而脱水闪秧或冻害。以下介绍在不加温的条件下,14种常用的保温防冻方法。

1. 营养钵育苗 黑色塑料营养钵具有白天吸热、夜晚保温护根的作用。在阳畦内摆上黑色塑料营养钵,用于育苗,外界气温在－10℃左右时,畦内温度在6℃～7℃,营养钵内温度为10℃左右,幼苗能缓慢生长,不受冻害。

2. 培制热性营养土 鸡粪是热性粪肥,牛粪是黏液丰富的透气性粪肥,二者腐熟后各取20%,阳土60%,拌上EM菌液500克做营养土。这样的营养土吸热生热性能好,秧苗生态环境好,根系数目多而长,吸收能力强,植株可耐冻而且健壮。

3. 分苗时用生根素灌根 生根素用钙、磷、锌等与长根有关的几种营养元素合理配制而成。钙决定根系的粗度,磷决定根系数目,锌决定根系的生长速度和长度。用该生根素灌根,根系可增加70%左右,深根增加25%,根系发达,吸收能力强,就不会因缺水缺素造成抗寒性差而冻伤秧蔓。

4. 足水保温防冻害 水分比空气的比热高,散热慢。秧苗冻害多系缺水所致,如冬季室内土壤含水量适中,耕作层孔隙裂缝细密,根系不悬空,土壤保温,根系不受冻害。为此,冬前选好天气(20℃以上)浇足水可防冻害。

5. 中耕保温防寒 如果地面板结,白天热气进入耕作层受到限制,土壤贮热能就少;加之板结土壤裂缝大而深,团粒结构差，前半夜易失热，后半夜室温低易造成冻害。进行浅中耕，可弥合地面裂缝，既可控制地下水蒸腾带走热能，又可保墒、保温、防寒、保苗。

6. 叶面喷营养素抗寒 严寒冬季气温低、光照弱，根系吸收能力弱，叶面上喷光合微肥，可补充根系因吸收营养不足而造成的缺素症。叶面喷米醋可抑菌驱虫。米醋与白糖和过磷酸钙混用，可增加叶肉含糖度及增强叶片硬度，提高抗寒性。叶片受冻害、气害后呈碱性萎缩，喷米醋 100～300 倍液可缓解危害程度。少用或不用生长类激素，以防降低抗寒性。

7. 晴天反复放风炼苗 性能好的标准温室，外界气温在－15℃左右，冬季晴天上午室内最高温度可达 32℃以上，很多人误以为这是久冻逢温促长的最佳时期，不宜通风。其实这时应该反复通风，使室内外温差变小，与前几天室温接近，使植株缓慢适应环境而健壮生长。谨防“一日猛长，十日受寒”而造成闪苗和冻害。

8. 补充二氧化碳 碳、氮对作物的增产作用比为 1∶1，作物对碳氮比的需要量为 30∶1。冬季温室蔬菜易徒长黄化，太阳出来后 1 小时可将夜间作物呼吸和土壤微生物分解产生的二氧化碳吸收，12 时左右便处于碳饥饿状态。气温高时，可将棚膜开开合合，放进外界二氧化碳，以提高蔬菜抗性和产量。气温适合时闭棚，人工补充二氧化碳，可增强作物抗寒力，从而大幅度提高产量。

9. 及时盖苫保温 一般大棚墙体厚 1 米，白天吸热贮温，晚上释放的能量占室内总量的 50％～60％，土壤吸热放热量占 20％～30％，棚内空间存热占 20％～30％。根据冬季和当天气温，盖苫后 1 小时室温就可保持在 18℃左右，高于 18℃可迟些盖苫，低于 18℃则早些盖苫。

10. 后墙挂反光膜增温 温室冬季生产蔬菜，一般不怕寒冷，就怕光照不足，怕连阴天。冬至前后，可在温室后墙上挂地膜反光，以提高栽培床光照强度，夜间使墙体所贮热能缓慢释放于室内，可保持后半夜较高温度，防止蔬菜冻害。

11. 盖多层膜保温 两膜一苫拱棚内生产越冬蔬菜，需室外覆盖薄膜，并在地面垄上覆地膜保墒控湿提温，但不要封严地面，应留15～20厘米的缝，使白天土壤所贮热能在晚上通过缝隙向空间慢慢辐射，使早晨5～7时最低温度提高1℃～2℃。在草苫外覆盖一层膜，或在距外膜20厘米处支撑一层膜，形成保温隔寒层，可提高室温1℃～3℃。

12. 选用稻草苫 稻草苫的导热率比蒲草苫低，护围防寒性能好，加之稻草苫质地软密，可减少传导失热，棚内夜间最低温度可提高2℃～3℃。

13. 电灯补光增温 棚内安装电灯，阴天早晚开灯给蔬菜秧各补光3～4小时，加上白天光照每天共计15～18小时光照，夜间关灯6～8小时，让其进行暗化反应，可提高蔬菜产量10%～20%，缩短营养生长期17～21天。

14. 选用紫光膜 冬季太阳光谱中紫外线只占夏天的5%～10%，白色薄膜只能透过57%，玻璃不能透过紫外线，而紫光膜可透过88%。紫外线光谱可抑病杀菌，控制植株徒长，促进蔬菜产品积累。覆盖紫光膜，冬至前后室温比覆盖绿色膜高2℃～3℃。

（二）两膜一苫大棚蔬菜根茎处放黑色塑料营养水袋可提温早熟

早春拱棚蔬菜生长慢、产量低的主要原因之一是地温低。蔬菜在7℃以下地温时只能“保命”生长，根系生长慢、吸收营养能力弱、功能叶活力小，是影响产量、质量和上市时间的主要障碍。同时，由于蔬菜苗期要进行控秧促根管理，每蒸发1毫升水分要带走2.43千焦地温，所以早春不能多浇明水，以防止植株时而遇高温高湿徒长，营养生长过旺，影响产品积累，或造成土壤下降沤根死秧。为了解决这两个难点，可在寒冷季节于蔬菜根基处放黑色水袋，能明显地提高夜温，缓解忽冷忽热的影响，使植株在稳定的温度下平衡生长，达到蔬菜早熟高产之目的。

土壤热量一是来自于太阳的辐射热，二是来自于微生物分解有机物放出的热量，三是来自于地球内部放射出的热能。土壤能量决定根系吸收营养的快慢与多少，因而也就决定着土壤肥力及平衡供应，达到提高蔬菜产量和质量的目的。

土壤水分的热容量比土壤空气高1倍。水的吸热导热率比空气大25倍，土壤水分导热率是土壤空气的3倍，所以水比空气升温慢且持热时间长，往土壤下传热能高，冷却失热率就慢。黏性土壤比沙质土壤吸热深、散热慢，就是水分持热量多而散失慢的缘故。

早春拱棚甘蓝植株行距为36～40厘米，每4株中间放一个装有2厘米深水的黑色塑料袋，放入土中1.5厘米深处，周围用土合拢，使塑料袋面见光。由于根系有趋温性，可诱导根系往袋周围及下方土中深扎，提高根系生长速度、长度和数量。2月中下旬，植株定植后及时放置水袋，可使植株从幼苗至莲坐期由40天缩短到36天，结球期由20天缩短到17天，提早上市6～7天，并能提高产量20%左右；还能防止苗期低温通过阶段发育，后期高温徒长而引起的未熟抽薹。

如果在塑料袋的水中加入少许稀释鸡粪或红糖500克（每667平方米的用量），EM地力旺菌肥或维他那生物菌肥

500克(每667平方米的用量),让其在黑色保温袋内繁殖,待结球期扎破袋,让有机菌肥营养直接供植株根系吸收,以平衡植物和土壤营养,不仅能起到降盐、解钾、释磷、固氮的节肥增产作用,而且还能抑制病害,提高蔬菜品质和产量。

八、光照平衡

蔬菜果实生长和形成阶段对光照强度的上限要求:韭菜、芹菜、甘蓝等叶菜类为3万~4万勒,瓜类蔬菜为3.5万~4.5万勒,茄果类蔬菜为5万~7万勒。晋南6月份光照强度在10万勒以上,如果6~7月份遮阳挡光栽培蔬菜,可提高产量34%左右。蔬菜对光照强度要求的下限为2000~3000勒。冬至前后,白天应采取措施补光,使光照强度尽可能达到光饱和点,以维持生理平衡,争取最佳产量和效益。

(一)阳光灯对拱棚蔬菜的补光增产作用

按照地理纬度、蔬菜生物学特性与生态的要求以及作物昼夜温度变化要求设计的两膜一苫拱棚,冬至前后白天室温可达25℃左右,傍晚18℃~19℃,夜间最低温度为13℃,已从根本上解决了蔬菜生长适温要求问题。但因冬季光照时间短,光照弱,0.9万~2万勒以上的光照时间仅为6~7小时,而蔬菜要求12~14小时的光照才能达到最佳产量状态。所以,光照平衡已成为当前制约冬季蔬菜高产优质的主要因素。1996年河北大学发明的阳光灯解决了冬季温室因光照带来的弱秧低产问题,达到了壮苗增产的目的。

1. 促进蔬菜长根和花芽分化 冬季蔬菜常见的不良症状是龟缩头秧、缺果症、蔫花僵果、畸形果、小叶症和卷叶症等，均为温度低和光照弱引起的病症。靠太阳光自然调节，少则10天半个月，多则1～2月，才能缓解以上病症。但如果在两膜一苫棚内装备阳光灯，其中的红橙光可促进植株扎深根，蓝紫光可促进花芽分化和生长，使作物能无障害生育；补光长深根还可达到控秧促根、控蔓促果的效果，其增产幅度可达1～3倍。

2. 提高蔬菜的抗病增产能力 生态平衡高产栽培12要素的核心是防病。种、气、土是病菌的载体，水、肥是病菌的养料，温、密是环境，只有光是抑菌灭菌、增强植物抗逆性的生态因素。在两膜一苫拱棚内，温度可提高2℃，湿度下降5%左右，光照强度增加10%，病菌特别是真菌可减少87%。所以，冬季在两膜一苫拱棚内进行补光，提高植物体含糖度，增强耐寒、耐旱及免疫力，是抑菌防病最经济实惠的办法。

3. 延长拱棚作物光合作用的效应 目前，华北地区两膜一苫拱棚主要在延秋早春栽培中应用，上午光照适宜温度低，下午温度适宜但西墙挡光，每天浪费掉30～60分钟的自然适宜光照。下午棚温在15℃～20℃时，打开阳光灯补光1～3个小时，每天能将5～7个小时适宜光合作用环境延长1～3个小时，蔬菜增产幅度可提高25%～30%。

(二)阳光灯的安装与应用方法

1. 阳光灯的安装 阳光灯配套件为220V/36W灯管，配相应倍率的镇流器灯架，每个灯均应设开关，以便根据作物需求和当时光照度调节。

2. 阳光灯的配套要求 用220V、50Hz电源供电。电源线与灯管总功率要相匹配。电源线要用铜线，其直径不少于1.5毫米，接头要用防水胶布封严。

3. 阳光灯照射时间 育苗期，上午7～9时和下午16～18时用阳光灯照射，与太阳一并形成9～11小时日照，以培育壮苗。连阴雨天全天照射，可避免根萎秧衰。结果期早晨或下午室温为15℃以上，光照强度在0.9万～2万勒以下时便可开灯补光。

（三）蔬菜覆盖紫光膜可提高产量

蔬菜光饱和点为3.5万～7万勒，光补偿点0.2万～0.3万勒，在光照度为6万勒以上环境中也能正常结果，超过8万勒时植株衰败。在6万～7万勒的条件下能抑制叶蔓生长，促进长果。光照不足时，果实小而硬。多数品种对日照长短要求不严格，8～10小时的日照开花好，果实长得快。

冬季，太阳光谱中的紫外线只有夏季的5%～10%，白色、绿色塑料膜又只能透过57%，紫光膜可透过紫外线88%。紫外线光谱可控制营养即叶蔓生长，防止植株徒长，促进根系深长。紫光膜可促进日照要求不严格的蔬菜发育，是产品器官形成的主要光线。

越冬蔬菜需补充紫外线光，覆紫光膜比绿色膜棚温高2℃～4℃。2～4月份覆紫光膜、绿色膜和白色膜时，蔬菜根系数量分别为46.7∶35.2∶28.1，叶面积分别为450∶480∶360平方厘米，茎长分别为5.8∶7.2∶6.7厘米。

紫光膜覆盖茄子、番茄，每667平方米产1万千克以上。2004年山西新绛县古交一带种植90公顷茄果类蔬菜，每667平方米产量为1.2万千克，比覆白色膜、绿色膜增产30%～50%。4月以后瓜类作物不宜盖紫光膜。

九、气体平衡

蔬菜在保护地内应少施碳酸铵，每667平方米施1次不超过5千克，人粪尿不超过500千克，施牛粪、鸡粪做基肥各不超过3000千克，追肥300千克。上述肥料均会挥发出氨气，如用量过大，通风不及时，会造成氨中毒，伤叶伤根而导致大幅度减产。作物晚上进行呼吸作用放出二氧化碳，浓度可达800毫克/千克；白天太阳出来后进行光合作用吸收二氧化碳而达到平衡。11～12时棚外大气中二氧化碳浓度为300毫克/千克，棚内只有50～80毫克/千克。因此，太阳出来1小时后再通风换气，可有效地利用自生的二氧化碳，之后交替通风换气，可将棚内的二氧化碳浓度由80毫升/千克提高到300毫升/千克，这样可大幅度提高蔬菜产量；同时可将有害气体排出。一氧化碳日平均控制在4毫克/立方米以下，飘尘、二氧化硫、氢氧化物控制在0.05毫克/立方米以下，光化学氧化剂每小时平均控制在0.2毫克/立方米，总悬浮物微粒日平均控制在0.15毫克/立方米，氨气控制在4毫克/立方米以下，就可达到空气生态平衡，从而促进蔬菜生产。

十、用药平衡

施用农药要符合国家标准《绿色食品农药使用准则》(NY/T 394—2000)的要求。首先，防治作物病害，要满足植物所需各类营养素。例如，病毒病的发生与缺锌缺硅有关，真菌性病害与缺钾缺硼有关，细菌性病害与缺钙缺铜有关。如果各种营养素供应平衡，就不会发生病害。其次，采取农艺措施防病，如采取控温控湿、控水通风、透气增光、施肥中耕等措施，创造一个满足作物平衡生长的生态环境，就可以防病而获得增产。最后，再考虑采用生物农药、保护性农药和融杀性农药防病。在蔬菜生育后期将老叶摘掉或迫使其早衰老，有利于外叶内的钾素向果实转移，人为地通过使叶果失衡的手段达到蔬菜内在的平衡而取得优质高产。

（一）蔬菜防病用药新观念

1. 增强生态环境意识，树立生产优质蔬菜的新观念 乱施农药、滥用农药、重用农药会造成作物生态环境和作物生理不平衡。创建良好的生态园艺设施，采取农业措施、物理防治和生物防治方法防治病虫害，是发展农业生产防治病虫害的必然方向。

蔬菜病害是缺素引起的，蔬菜缺素是肥、水、气、温、光等生态环境不适应蔬菜生育需要造成的。蔬菜生存环境平衡，就不会发病。用两膜一苫拱棚生产各种蔬菜，要科学管理，创造蔬菜生态平衡的生长环境，就能减轻和防止蔬菜病害。

2. 改变“以防为主、盲目用药”的错误观念 生物界中没有一种植物是不受化学药害的，没有一种蔬菜用药越多越健壮生长的，也没有任何一种生物不产生抗药性的。因此，应该是不见害虫不施药，见了害虫用准药，蛾卵期用准药，发生病虫之处药用到，使病虫一次性受到控制。除虫应选用具有辐射连锁杀虫效果的药，比如生物制剂和铜制剂等可使虫体钙化而失去繁殖能力的药物。因此，应改变“以防为主、盲目用药”观念。

3. 改变传统管理中用药勤、病害轻的错误观念 蔬菜在高湿适温中生长，与真菌、细菌生存环境大致一样，在叶面上喷洒化学农药，只能起到暂时杀菌抑菌的作用，但用药后会破坏叶片的蜡质保护层，干扰其体内抗生素的合成，使蔬菜免疫力下降。经检测，喷药 10 小时后，真菌、细菌比用药前繁殖速度加快 1000 余倍，这就是用药越频病害越难控制的原因。

4. 确立无公害防病用药新观念 蔬菜病多难治的主要原因是肥害、缺素和药害失衡造成的生理障碍，导致植物体衰败坏腐染病。如病毒病系氮、磷过多引起的锌吸收障害症，有机肥施用少引起缺硅、钼障害症；缺钾、缺硼引起真菌性病害；缺铜、缺钙引起细菌性病害。施肥不在于用量大，而在于营养全，各种营养平衡就不会发生病害。有时补施肥后还有病，是由于施肥过重造成障害，实际上也是营养不平衡造成的。

要确立有机防病用药新观念。可用防虫网等机械物理方法防虫害；用灭虫、降温、增温防治病毒病；用降湿、通风、透光、稀植、整枝、疏叶防治植株细菌、真菌病害；用改良土壤的方法，如黏土掺沙，在沙土中重施有机肥，盐渍土壤施牛粪、腐殖酸、秸秆肥以降低浓度，酸性土壤施石灰，碱性土壤施石膏，未腐熟有机肥加施菌肥等办法，提高土壤含氧量，促进根系发达和吸收能力，可防止根系出现反渗透而染病。真菌、细菌大量繁衍的温度为 15℃～20℃，缩短这段温度的时间，可抑制病害的发生和蔓延。

此外，要科学选用农药。一是选用含微量元素农药。如高锰酸钾含有钾，防真菌、细菌病害效果优于多菌灵、敌克松、托布津等；防治病毒病又优于病毒 A、菌毒清等，不仅能杀菌、消毒，而且常用量对人体无害；再如铜制剂，不仅能杀菌，而且能补铜，避虫，愈合伤口，刺激作物生长；锌制剂能促生植物生长素，促长防病。二是选用生物制剂。以有益菌克有害菌，使病害受到抑制。有益菌还可平衡植物和土壤营养，增强抗病性，经常用生物制剂，病害不会大蔓延，而且产量高，品质好。

（二）两膜一苫拱棚科学用药技术

在两膜一苫拱棚中，温、湿度可以人为控制，封闭后便于高温或烟雾熏蒸灭菌杀虫，防病治虫十分便利，效果亦佳。但必须按照蔬菜的生物学特性和当时的生态环境，灵活掌握用药品种、时间、浓度和方法，才能达到既控制病虫害，又省药，使蔬菜产量达到最高额的目的。

1. 按植株代谢规律喷药 蔬菜作物的代谢规律需要适宜温度配合，才能按时完成。全天光合产物的70%是在上午合成的，须有较高的温度（25℃～35℃）；下午光合作用速度下降，养分在输送运转时，温度与消耗以较低为宜，比上午应低5℃。前半夜光合产物将全部转到根基部，重新分配到茎生长点和果实，运送养分须配合适中的温度（18℃左右）。如果运送不顺利，光合产物停留在叶子上，会使叶子过于肥大，导致果实产量下降。后半夜蔬菜作物处于休息状态，其生理活动是呼吸，这是一个消耗养分的过程，此时温度宜低些，以减少养分消耗，有利于提高产量。蔬菜授粉受精期温度最低保持13℃，果实膨大期还可再低些。

药物对作物的光合作用及营养运输有抑制和破坏作用，所以在晴天中午光合作用旺盛期和前半夜营养运输旺盛期要尽可能少用药或不用药。

2. 按发病规律用药 施药前准确诊断某种病或可能发生的病害，不要将非侵染性病害误诊为侵染性病害，将生理性病害当作非生理性病害去防治。两膜一苫拱棚蔬菜因前半夜温度过低，在中下部光合作用旺盛的叶片上，因“仓库”暴满，光合产物不能运走，而使叶片增厚老化，出现生理障碍，叶片上出现圆形凹凸点，如同癞蛤蟆身上的点子，这时打药无济于事。蔬菜生长点萎缩，中部叶缘发黄是缺水引起的非侵染性生理病症，与细菌、真菌、病毒无关，打药自然无效。治虫时，要认准为害蔬菜的主要害虫，然后选择专一性配广谱杀虫剂，进行有重点的综合防治，避免将不能混用的农药胡乱配合，切勿将杀虫剂用于治病，将防病药用于灭虫。

细菌性病害发病环境是高湿低温，有病原菌；真菌性病害发病环境是高湿适温（15℃～21℃），也有病原菌；病毒病是在高温干旱环境中，多数是由蚜虫传毒而发病。人为地控制一二个发病条件，均可减轻和防止病害发生。无发病条件，但作物有类似症状，应考虑其他生理障碍因素。所以，施药前必须弄清病虫害的特征和准确选用相应的农药，才能做到对症下药。

3. 按作物生长规律用药 种子均为植株衰老成熟时采收，易带菌源，播种前宜用热水浸泡消毒。幼苗期高湿高温为染病环境，加之保护地内连年种菜，土壤杂菌多，播前必须进行消毒。早春幼苗定植后低温高湿，应以防治细菌性病害为主；高秆蔓生作物中后期通风不良、高湿高温，应以防治真菌性病害为主；夏季育苗或延秋栽培高温干旱，应以防治病毒病为主，而防治病毒病应以治虫为主。蔬菜栽培，应以防止氮多死秧和防治斑潜蝇、白粉虱为主。

4. 按药效适量用药 防病农药多是保护性药剂，要提前使用，在病害发生前或刚刚发生时施药。灭虫农药在扣棚后定植前或沤制粪肥期施用，以消灭保护地内的地下害虫。如果蔬菜生长期施用毒性较大的杀虫剂，易造成药害；地上部害虫在羽化期和坐果前使用农药，害虫抗药性强，也有一定的回避能力，防效差；对钻心虫施药过晚，它已钻入果实，很难消灭。

配药前，首先要看准农药有效期。对新出厂的农药应以最大限度对水，临近失效期的农药应以最低限度对水。一般浓度不要过大，如普力克、乙磷铝等浓度大效果反而差，既浪费药剂，又易烧伤植株。此外，要把农药含有效成分的型号认准，切勿把含有效成分80%的农药误按40%的浓度配制溶液而喷洒，也不要把含量为5%的农药当作含量50%而对水施用。农药以单一品种施用较为适宜，可混用的农药用量减半，且应以内吸性和触杀性混用为好。

5. 按温、湿度大小适时施药 两膜一苫拱棚的温度高低悬殊，湿度较大。施药时，温度掌握在20℃左右，选叶片无露水时进行，这样药液易附于叶片，水分迅速蒸发后，药液形成药膜，维持时间长，治病效果好。梅雨、连阴天或刚浇水后，勿在下午或傍晚喷雾，因此期作物叶子吐水多，吐水占露水75%左右，易冲洗药液而失效，可以使用粉尘剂或烟雾剂。高温季节(温度超过30℃)不要施药，否则叶片易受害老化。高温、干燥、苗弱，用药浓度宜低。一般感病或发生病害，应连喷2次，间隔6～7天。阴雨天只要室温在20℃以上，就可喷雾防治。喷雾后，结合施烟雾剂效果更好。一般喷雾以叶背面着药为主，对钙化老叶少喷，以保护中、小新叶为主。喷雾量以叶面着药为度，勿过量而使叶面流液。个别感病株以涂抹病处为宜。病害严重时，以喷洒与熏蒸结合为宜(先喷雾，再喷施粉尘剂或燃放烟雾剂)。在防病管理中，以降湿排湿为主，尽量减少喷药用量和次数，以达到控制保护地内病虫害的发生和危害为度。

(三)生产优质安全蔬菜准用和禁用的农药

生产优质安全蔬菜可使用的农药有：杀虫剂Bt系列，阿维菌素系列，除虫菊酯类，植物提取物类（苦参素、烟碱等），昆虫激素类（米螨、卡死克、抑太保），少数有机磷农药（乐果、敌百虫、辛硫磷、乐斯本、农地乐），以及杀虫双、吡虫啉、阿克泰、米乐尔等。杀菌剂有多菌灵、托布津、易宝、杀毒矾、雷多米尔、达科宁、加瑞农、克露、大生、福星、可杀得、波尔多液、农用链霉素等。除草剂有氟乐灵、施田补、都尔、乙草胺等。用药后按安全间隔期采收。

生产优质安全蔬菜严格禁止使用的农药有：六六六、DDT、毒杀酚、五氯酚钠、五氯硝基苯、三氯杀螨醇、杀螟威、赛丹、甲胺磷、甲基1605、1605、1059、乙酰甲胺磷、久效磷、氧化乐果、蝇毒磷、甲基异柳磷、高渗氧化乐果、增效甲胺磷、安胺磷、速胺磷、水胺硫磷、甲拌磷（3911）、叶胺磷、克线丹、磷化锌、氟化酰胺、速扑杀、速灭威、呋喃丹、铁灭克、磷化铝、氯乙苦、二溴乙烷、砒霜、苏化203、杀虫脒、速蚧克、杀螟灭、氰化物、敌枯霜、汞制剂、除草脒等。

十一、地下部与地上部平衡

种子发芽，最先长出来的是胚根。幼苗生长初期，靠消耗种子内物质先长出根尖，抽出根茎，然后靠根系吸收水分和养分，使叶柄从种子壳中脱出，进行光合作用；同化面积及叶片不断增加，生长速度逐渐加快，碳水化合物才能随之急剧增加。

作物地下部（根）和地上部（茎果）生长有相应性。水足，土壤浓度小，根尖及蔬菜秧生长点的顶端优势强，侧根侧枝相应较少，植株徒长。为此，生产上切方移位“囤苗”，控水喷肥“蹲苗”，在蔬菜高产抗病育苗上显得尤为重要。在育苗管理中，在保证幼苗不老化的前提下，应以控制地上部生长，促进地下部生长为主。

如蔬菜根系生长停顿较早，易老化。苗期和定植期促根生长，是决定产量的关键时期，蔬菜根系主要分布在5～20厘米深、60厘米宽的土壤中，具有趋温性、趋光性、趋肥水性和趋气性。气温为12℃时有利于氮的吸收，地上部生长停止，叶厚僵化；18℃时有利于氮、磷、钾的平衡吸收；27℃时有利于磷的吸收和花芽分化和根群生长，但不利于长茎秆。20℃～25℃的土温，3 000～8 000勒的弱光照，4 000毫克/千克的土壤浓度和36%的土壤持水量，7%的土壤含氧量，极有利于幼苗长根。红外光对蔬菜发芽和根的生长有抑制作用，花序不开放，花粉无活力。

结果期蔬菜根系以更新复壮为主，特别在中后期迅速放慢了扩展和延伸度，随后逐渐枯死、再生。某层蔬菜采收、摘掉老黄叶子，便有相应的一部分根系枯死。盛果期遇连阴雨天，或天晴时深耕，便会有大量根系死去。生产上在中后期注重增施腐殖酸有机肥和微生物菌肥，分解分化和平衡营养，可诱生新根。

根系分布决定地上部的生长状况。地上部茎壮叶宽，其光合作用强度又决定根系的更新代谢状况，叶茂根壮。

瓜果类蔬菜地上部的发育与叶类菜和根茎菜的不同点是，要通过发育阶段形成果实，必须通过春化和光照阶段才能开花结果。茎长粗、果膨大是光合产物即细胞体积积累的现象。叶子每天要消耗光合产物1/4，温差大时消耗少。叶子上有网状叶脉，在蒸腾作用下，将根从土壤中吸收的水分和养分在压力作用下流到叶内，叶肉和叶绿素又将形成的同化物转移到茎根处，重新分配到生长点和根处，并将多余的碳水化合物积累到果实。由此可知，地下部和地上部始终是相应生长，所以管理上应以壮根为主。适当的茎叶与发达的根系是蔬菜高产优质的关键。尤其是两膜一苫拱棚栽培越冬蔬菜，从幼苗管理开始就应围绕控水、控湿、控温、分苗喷洒植物基因诱导剂或植物传导素，“蹲”苗和“囤”苗，进行促根控秧管理。

晋南地区在8月下旬育苗，此时正值梅雨季节，土壤和空气湿度大，温度适中，直播出苗齐。做1.3米宽的畦，垄背踩实。备6份园土，1份腐殖酸磷肥，3份腐熟6～7成的牛粪，少许磷酸二氢钾，拌匀过筛整平，浇4厘米深的水，水渗完后撒1层细土，将低凹处用土赶平。种子用白酒泡15分钟，含入口内向畦面均匀喷播，然后用菌虫杀50克拌土30千克防治地下病虫害，或用苗菌敌20克拌土20千克，覆盖种子。40天左右幼苗长出2叶1心时分苗。苗床土的配制同上，按8～10厘米株行距刨沟、摆苗，浇1 000倍液硫酸锌水，以促进根系深扎。对徒长苗勿施锌，可浇施EM微生物菌肥500克，以平衡植物和土壤营养。分苗畦营养面积不要过小，否则不利于控秧促根。

定植前，用硫酸铜配碳酸氢铵500倍液喷洒2次，以防止土传病害，提高植株抗逆性。茄子、辣椒等易染土传病的蔬菜，定植时每667平方米穴施硫酸铜2千克拌碳铵9千克，用于护根防死秧。栽后浇施植物基因诱导剂50克，可增加根系70%到1倍。

结果期，室内后半夜温度高是引起植株徒长和减产的主因。生长中，矮化植株浇EM微生物菌肥，提高夜温，使地上部和地下部调节平衡。叶大而薄、茎秆长时，要注意控水、控氮肥、控夜间温度，以达到控秧促果，提高产量的目的。

十二、营养生长与生殖生长平衡

营养生长即根、茎、叶的生长，生殖生长即花、果、籽的生长。营养生长部分是营养制造和运输的器官。生殖生长是营养贮藏积累的器官。蔬菜生育始终贯穿着营养生长和生殖生长。5～6叶花芽分化时，营养生长过旺，植株徒长，花芽分化弱，花蕾小，发育不全，易因营养不良而蔫花。幼苗期营养生长过旺，果小且易烂；中后期疯秧，营养生长旺，果实不丰满，色泽暗，膨大慢，将减产30％左右。为此，蔬菜管理上，授粉受精期应将夜温控制在13℃～14℃，膨果期温度再低些，这是获得高产的关键。合理稀植，在结果期注重冲施钾、硼、碳肥，是促进生殖生长，抑制营养生长的有效办法。

蔬菜如果没有较大的营养面积，果实长不大；如果营养生长过旺，必然抑制果实膨大。人工利用水、肥、气、光、温、药进行控促，调整二者的生育关系，显得尤其重要。孕蕾期在中性(10～12小时)日照下，果实表现生长快。早熟品种在12～14小时日照下，开花较快；晚熟品种在10小时光照下，开花快。在氖光、日光、红光照射下，蕾和果生长快。果实孕育期，对氮、碳、磷吸收加快；膨果期，对碳、钾需要量较大；老熟期，对磷的吸收较多。

叶面积的大小决定植株的光合能力，而光合强度又决定蔬菜膨大的速度和重量。因此，蔬菜管理前期应围绕控秧促根，中后期围绕控蔓促果进行。结果期以保持地面不见直射光为宜，应尽量给予散光，因为散光所产生的热能和光合强度，可使黄瓜功能叶保持在13～14片，叶片直径为20～25厘米，节长10～16厘米，节粗1～2厘米。适当的叶面积能保障碳水化合物的充分合成，并降低营养物质的消耗。叶面积过多过大而薄，光合产物积累少；过小而僵化的叶，浪费阳光和空间，蔬菜长得慢而且小。

在低温期（夜间最低温度低于13℃）、干旱期（空气相对湿度低于60%）和弱光期（光照强度低于3000勒），首先要保障授粉受精，可在叶面上喷锰制剂以壮花蕾，喷硫酸锌促进柱头伸长，喷硼砂促进花粉粒饱满和成熟，避免产生未受精的僵果。当蕾器花冠呈现紫色时，用30毫克/千克2,4-D配少许速克灵涂抹花萼和果柄，及时摘花冠，防止引起灰霉病而烂果。要注重施牛粪、硫酸钾和EM微生物菌肥，促进膨果，防止生殖生长受到抑制，营养生长过旺而减产。

第四章　两膜一苫拱棚（大棚）优质蔬菜栽培规程

一、两膜一苫拱棚优质西葫芦栽培规程

（一）设施与茬口

两膜一苫大小拱棚均可安排越冬续早春双茬西葫芦。延秋茬在8月下旬育苗，10月初移栽，11月至翌年1月上市，每667平方米可产5000千克。续早春茬在12月上旬播种，翌年1月中旬定植，2～5月上市，每667平方米可产西葫芦6000千克左右。越冬一大茬在10月初播种，11月中旬定植，元旦、春节始收，6月份结束，每667平方米可产西葫芦8000～15000千克。

（二）品种选择

延秋茬宜用银翠品种，越冬茬用纤手1号或寒玉，早春茬用京葫、长青1号或早青一代。

（三）育苗技术

1. 种子处理　种子用高锰酸钾1000倍液浸泡15分钟，再用55℃热水浸种，边倒水、边搅拌，待水温降至30℃时再泡1～2小时，种子吸足水捞出控去余水，置25℃～30℃处催芽。

2. 营养土配制　园土5份，腐熟牛粪3份，腐殖酸肥2

份，每立方米营养土拌磷酸二氢钾 200 克，50%多菌灵 15 克。

3. 育苗 将营养土装入纸袋或塑料营养钵内，袋(钵)高 7～10 厘米，留 3～5 厘米空间，播入已露芽的种子，覆土呈小土堆，温度保持在 25℃～28℃，浇水渗透至种子处。经 4～5 天出芽后，将温度下降到 20℃～24℃。延秋茬需遮阳降温，防止病毒和害虫伤害生长点。2 叶 1 心时，白天将温度下降到 20℃左右，晚上降到 10℃左右，并浇 1 次微生物菌肥或硫酸锌 1000 倍液壮秧促根。

4. 棚膜选择 越冬茬宜用聚氯乙烯膜或聚乙烯三层复合紫光膜，室温提高 2℃～3℃，可增产 15%～30%；早春和延秋茬选用聚乙烯无滴膜，便于控温防秧徒长。

(四)生育期管理

1. 施肥整地 每 667 平方米施腐熟鸡粪 2500 千克，牛粪 2500 千克，腐殖酸肥 80～160 千克或土杂肥 1000 千克，固体微生物菌肥 10 千克或液体微生物菌肥 1 千克，硫酸钾 25 千克。将土壤深翻 30 厘米，施肥时 50%普施，50%穴施在近根部处。每生产 2～3 茬蔬菜用硫酸铜 2 千克随水冲施补铜杀菌，预防蔓枯病和烂瓜。

2. 定植 栽植纤手 1 号品种，行距为 1.2 米，株距为 50 厘米，每 667 平方米定植 1100 株左右。栽植长青 1 号、早青一代品种，宽行为 70 厘米，窄行和株距为 60 厘米，每 667 平方米栽 1500 株左右。盐碱地平畦栽植，pH 值为 7 以下，起 20 厘米高垄栽培，受光面大。谨防密植使茎蔓生长过旺导致产量低。

3. 栽后管理

(1)温度 西葫芦喜冷凉怕高温。苗期至发秧期，室内白天气温保持在 25℃；结果期白天 20℃～24℃，前半夜 16℃～18℃，后半夜 5℃～8℃。谨防高温疯秧。

（2）水分　育苗期切方或移位，控水囤苗；定植缓苗后控水蹲苗，促长壮根，直至根瓜膨大前不干旱不浇水。根瓜采收后 15～20 天浇 1 次水，结瓜期随施肥浇水 6 次即可。

（3）追肥　每次随水施 50％硫酸钾 10～20 千克，按 100 千克产果 6 000 千克投入，每次随施肥冲入有机氮肥和矿物磷肥 5～8 千克，或微生物菌肥 1～2 千克。

（4）光照　西葫芦光补偿点为 1 万勒，饱和点为 5 万勒，并与二氧化碳呈正比，增产明显。故延秋茬推迟铺地膜，以控光照度促扎深根。越冬茬和早春茬及时铺地膜反光增温。冬至前后墙面挂反光膜。4 月份酌情撤膜，5～6 月遮阳降温，并保温防止干旱造成白粉病和病毒病。

（5）防治病虫害　延秋茬早期应遮阳降温，设防虫网预防病毒病。浇水后高温闷棚 2～3 天，以预防白粉病。叶面喷络铵铜或在有伤口的茎秆处涂络铵铜 100 倍液杀菌，以愈合伤口。用福星防治菌核病，用白酒和白糖各 50 克对水 500 毫升喷瓜促长。用灭蚜粉熏蒸，防治白粉虱和蚜虫。

（6）授粉　由于西葫芦有先长雌花后长雄花的习性，每 667 平方米可提前播种 100 粒，早开雄花，让其给稍后栽种的植株第一雌花授粉，用 1 根 1 米长的竹竿，下端绑上海绵或布条，在雄花柱头上蘸扫一下，可给 4～6 个雌花授粉。也可采用蜜蜂进行传粉。

（7）控蔓引蔓　西葫芦秧旺产量低，需在早期通过控水、控温、控氮肥进行矮化管理，使中后期植株叶片互不遮阳为度。株高以 65 厘米为佳。纤手 1 号要在中后期插竿引蔓。蔓旺时，喷洒高浓度叶面肥，适当造成肥害，以控制旺长；蔓弱时，喷洒低浓度叶面肥或施放二氧化碳壮秧，以促进蔓叶生长。

(8)采摘　京葫、早青一代品种，每株可结8～13个瓜。待瓜长到700克左右时采摘，可收10个以上，每667平方米西葫芦产量在5000千克以上；瓜长到1千克左右时摘收，可收5～6个，每667平方米产量在5000千克左右。纤手1号品种在瓜长到350克时摘收，可收瓜30～40个，每667平方米产量在10000千克以上；在瓜长到1千克左右时摘收，可收8个左右，每667平方米西葫芦产量在8000千克左右。

二、两膜一苫小棚三次轮盖优质韭菜栽培规程

两膜一苫小棚三次轮盖韭菜技术，是山西运城市菜农按照晋南气候特点、韭菜生物学特性以及人们的消费习惯和市场价格规律，创造的韭菜高产优质生态环境设施，可谓廉价的一棚三用高效生产技术。

(一)生产程序

两膜一苫小棚按5.5米跨度做畦，用7厘米宽、1厘米厚、7米长的竹片做拱棚骨架，间距为1米左右。棚内设三道立柱支撑棚架，中间高1.3米；两侧立柱斜撑，高0.8～1米，外扣0.8毫米的聚乙烯紫光膜或绿膜。在寒冷季节，近地面40厘米处扣一层0.3毫米的薄膜。11月下旬至3月上旬，晚上在棚外再覆盖草苫。

所谓三次轮盖，即拱棚设施按3块667平方米韭地安排，棚同等宽长。一块为秋长冬捂上市，植耐寒不休眠的雪韭品种；另两块栽植生长快、叶茎直立、休眠的立韭或环儿韭品种。

11 月上旬盖雪韭，40 天后上市，每 667 平方米收割 2500～3500千克。雪韭收割后，将拱棚撤移至立韭田，50 天左右割 1 刀，共割 2～3 刀，一般每 667 平方米产量 6000～7000 千克。第三刀收割后又将拱棚迁移至另一块立韭田，20 天后第三块韭菜上市，第一刀收割 2000～3000 千克，第二茬进入露地管理。这种“一棚三盖五茬”韭菜栽培形式，一般总产量达 12000 千克。

(二)技术开发特点

韭菜喜冷凉，怕湿热，作温室或暖棚栽培时，2 月下旬后，墙体白天吸热，晚上保湿保温，昼夜温差小，植株生长细弱，易染灰霉病而软腐，影响产量和质量。如果在拱棚栽培不覆草苫，12 月至翌年 2 月初气温低，韭菜不生长或易冻伤叶片。作两膜一苫栽培，解决了以上两种设施生产的难题。

韭菜在 5～10 月进行光合作用积累的营养物质，均贮藏在根茎里，在弱光低温季节以生产 1～2 茬韭菜产量最佳，“一棚三盖五茬”韭菜生产，既充分利用了设施性能与品种特性，又充分发挥了韭菜的产量潜力，可谓既降低成本又提高效益的先进技术。

(三)栽培要点

1. 育苗　3～4 月份育苗，每 667 平方米用种子 1.5 千克，需育苗畦地 40 平方米。

2. 施肥　每 667 平方米施鸡粪 5000 千克，提前 40 天拌敌百虫 1 千克，碱面 1 千克，沤至七八成腐熟施用。也可拌施 EM、CM 微生物菌液 2 千克，固体微生物菌肥 20～25 千克，以防止韭蛆为害韭根。还可每 667 平方米施草木灰 200 千克或45%硫酸钾、磷酸二铵各25千克。

3. 移栽 6月份按行距18～20厘米，深8厘米，株距8～10厘米，每穴2～3株错开栽植。

4. 温、湿度控制 白天棚温控制在21℃～24℃，夜间5℃～8℃，湿度为75%以下，创造不利于真菌生存、繁殖的生态环境。

5. 追肥 扣棚前，每667平方米施硫酸锌1.5千克，以促使韭菜萌发。头一刀收割前3～5天，随水冲施腐殖酸有机肥80千克，拌微生物菌肥1千克或微生物复混肥40千克，以提高本茬韭菜品质，同时有利于以菌克菌，愈合韭菜受害伤口。

6. 防虫 于8～9月份的雨后天气，在韭菜田间喷洒菊酯类农药，杀灭韭蝇飞虫。覆盖前，每667平方米施乐斯本500克消灭虫卵和幼虫；虫害严重时，可配少许高露，杀虫效果更佳。每667平方米在韭菜根部撒草木灰200千克或硫酸铜3千克，可避虫产卵。

7. 草苫装备 备7米长、1.3米宽、3～4厘米厚的稻草苫，棚北面捂1.3米高，用竹竿或木棍支撑草苫，剩余5.7米长的草苫早揭晚盖。

8. 防病 缩短温度为15℃～21℃的时间。在韭菜叶高为15厘米时，浇水有利于防病。注重施钾肥。用速克灵烟剂熏蒸，以防治灰霉病。

三、两膜一苫拱棚优质四色韭黄栽培规程

两膜一苫拱棚、鸟翼形大棚、大暖窖和阳畦均可用于培土捂黄，生产四色韭黄。这种韭黄自下而上呈现白、黄、绿、紫四

色，鲜艳夺目，香味浓郁。每667平方米产量为3500～5000千克，假茎粗0.4～0.8厘米，高20～25厘米，全株高50厘米以上，株叶数5～13枚，单株重25～50克。其栽培规程如下。

（一）选择品种

可选择栽植山西省新绛县立韭和山东省寿光市独根红。其分蘖力强，抗寒，耐热，第一年秋季可分蘖成3株，翌年春季分蘖成5株；如果稀植、水肥充足，可分蘖成7～9株。

（二）施肥开沟

将土壤表层阳土挖起放在两侧，将沟内生土挖出8厘米深运走，把阳土填入沟内。每667平方米拌施土杂肥7000千克左右。如果施用厩肥，要提前拌微生物菌肥沤制。也可施鸡粪、牛粪各3000千克左右，锄松整平，做东西长畦，南北向开沟，沟深2厘米，播幅12厘米，行距为29厘米。

（三）直播或育苗

直播需在立春、清明及早播种，顺沟浇1次小水，随水冲施硫酸锌1.5～2千克以催芽促长，待水渗下后沟内每667平方米施腐殖酸有机肥或草木灰200～400千克。每667平方米播种子2.5～3千克，覆土1.5厘米，翌日地面喷施田补或氟乐灵除草剂（禁用除草醚），顺沟覆盖薄膜，20天左右出苗。苗高出地平面时覆土至地平，浇施1次植物基因诱导剂。

育苗畦宽1米，苗床上备腐熟厩肥3份，腐殖酸肥2份，阳土5份，浇4厘米深水，随水每667平方米施硫酸锌1千克，水渗后畦面喷硫酸铜500倍液灭菌。每667平方米播种子4～5千克，覆土1.5厘米厚，喷有机除草剂，支拱架覆盖薄膜。出苗后将地膜撤掉，谨防高温烧苗。在苗期，可分两次追施三元复合肥15～25千克和微生物菌肥1千克，喷植物基因诱导剂1次。

（四）移栽要点

1. 干地栽植 干地做畦，然后开沟，浇水，定植。切勿湿地移栽，以免土壤板结，导致韭菜生长不良。

2. 平衡营养 每667平方米施厩肥6000～7000千克，草木灰150千克或硫酸钾25千克，硫酸锌2千克，液体微生物菌肥1～2千克，固体微生物菌肥10～40千克，与土拌匀。

3. 及早移栽 待韭菜秧有4～5叶时栽苗，即麦收前早栽，有利于根深株旺。

4. 保护根系 韭黄营养主要贮藏在根茎，起苗前勿浇大水，以避免根脆断须或长出的新根、嫩根受伤。如畦土过干，可在起苗前泼浇少许水，待土壤软化时起苗，尽量保持完整根系。

5. 合理稀植 畦宽2.2米，行距30厘米，宽幅10厘米，株距1.5厘米左右。

6. 深度适当 栽苗沟的一边刨垂直，深4～5厘米。鳞茎上覆土2.5厘米厚。切勿埋住叶心。将幼苗分级栽入。小苗栽在畦的两头。

（五）搭架护韭

秋季高湿多雨，韭菜叶、秆过高时，可支架防止倒伏和腐烂而诱发病虫害。立秋直播新韭，老根韭在芒种时用棉花秆、玉米秸秆、竹竿或木棍做支架，用铁丝顺行将韭叶夹起，以利于通风透光。

(六)田间管理

1. 谷雨时覆土排水 6月份前视苗高低覆土2～3厘米厚,并酌情浇水,勿施化学氮肥,雨后及时排水。

2. 立秋时肥水齐攻 每667平方米追施豆饼500～750千克,三元复合肥50千克,硫酸锌1.5千克;或施大粪干1500千克,腐殖酸肥或秸秆肥400千克,使韭菜根茎积累充足的光合产物。

3. 白露时控制肥水,秋分至寒露减少浇水施肥量 注意此期间不施速效氮肥,以免韭黄贪青徒长,使营养“外流”。

4. 寒露时停水控长 每667平方米在叶片上泼施人粪尿1500～2000千克,或施高浓度叶面肥,迫使叶片受伤萎缩,使营养向鳞茎和须根回流。

5. 病虫害防治 在幼虫为害期,用辛硫磷或敌百虫1.5千克拌碱面500克稀释后浇灌韭根,在收获前20天施药。

6. 覆盖培育韭黄 利用拱棚和阳畦生产韭黄均需在立冬至小雪前用玉米、高粱秸秆,在畦棚北边按东西长向南倾斜20°角、与地面呈70°角建一道风障,可避风反光。温室和大暖窖栽培四色韭黄,要选用紫光膜或栽培韭菜专用膜。深冬期上午8～9时霜雪开始融化,敞开草苫及不透明物,下午3时盖上。待韭芽长至1～5厘米时,选晴天暖日进行第一次培土,将预先在土沟中晒暖并筛过的细土撒于沟内韭苗的两侧,使其成为下宽上窄的土垄,垄高5～8厘米,下部宽29厘米,略窄于行距,让韭黄在垄沟底微微露出。4～5天后,当韭芽10厘米高时进行第二次培土,垄土以不压住或稍为压住韭黄叶尖为度,土沟培成垄,土垄变成沟。再过4～5天,培第三次土,将双手插入韭株两侧覆土之中,用力向上收拢,尽量将土培高一点，前期培韭白，后期培韭叶。土垄高20厘米左右时，再放叶生长7～8天，这时地下部分假茎呈乳白色，地上部培土部分呈鹅毛黄色，可见光部分呈嫩绿色，叶尖部分轻微受冻呈淡紫红色，株高50～60厘米，即可收割。元旦前、春节前、正月十五前后各割1刀，老根韭收割2～3刀，新韭收割1～2刀。惊蛰前收割后不再浇水，惊蛰后将培土、防寒物清除，中耕施肥以养根。

四、两膜一苫小棚优质甘蓝高产栽培规程

（一）设施与茬口

可在鸟翼形大暖窖或两膜一苫小棚内生产越冬茬和早春茬甘蓝。越冬茬在10月下旬育苗，翌年2月份上市，每667平方米产4000千克左右；早春茬在11月下旬育苗，翌年4月下旬至5月份上市，每667平方米产5000～6000千克。栽培品种为精选8398。

（二）育苗技术

1. 营养土配制 在冷床内育苗，阳畦宽1.3～1.5米，长5～6米，深15厘米。床土配制腐殖酸磷肥20%，阳土50%，腐熟牛粪或土杂肥30%，固体微生物菌肥3千克或液体微生物菌肥0.3升，不施化学氮肥。

2. 播种 畦内灌足水，水快渗完时，撒土在有水处，使畦面赶平，覆一层药土（500千克土拌多菌灵50克或苗菌敌25克），种子喷水后用多菌灵粉拌好，将种子均匀撒在畦面，覆盖0.5厘米厚的药土，支架盖膜，使其在白天为20℃～25℃、晚

上为10℃～15℃的环境中缓慢生长。

3. 分苗 待3叶1心时分苗，将幼苗起出，按株行距6～8厘米分栽，浇硫酸锌1000倍液或EM液体微生物菌肥，壮秧促根深扎。

4. 防苗龄过大抽薹开花 幼苗在茎粗0.6厘米、叶直径为5厘米时通过阶段发育，此时白天气温一定要维持在10℃以上，谨防昼夜温度长时期处在0℃～10℃条件下，造成不包球而先期抽薹开花。

(三)定　植

每667平方米穴施腐熟鸡粪5000千克或鸡粪、牛粪各3000千克，甘蓝专用肥20千克，微生物菌肥10千克。栽前深耕30厘米，曝晒烤土以消毒灭虫。越冬茬在11月及早栽植。早春茬在2月初定植，株距38厘米，行距44厘米，每667平方米栽3800～4000株。

(四)棚膜选择

越冬茬选用聚乙烯三层复合紫光膜覆盖，温度高，能控叶促根生长；早春茬用蓝色膜和白色膜覆盖，这种膜不吸尘，温度平稳。

(五)栽后管理

1. 温度管理 白天温度控制在20℃左右。叶片有丛生现象，可降低到16℃以下。包球后，夜间温度为5℃左右不受冻害。保持昼夜温差18℃～20℃，叶球形成快，球体硕大而充实。

2. 浇水施肥 冬前浇足水，以防止根系悬空脱水受冻。

栽后浇1次水，随水冲施硫酸锌或EM液体微生物菌肥1千克，尿素10千克，促莲座叶长大。心叶包球后，保持土壤持水量为60%，并随水追施33%硫酸钾20千克，使叶球帮加厚，心叶充实，外叶和心球比达3∶7。

3. 通风 外围叶片占地面80%时，及早通风，温度超过23℃就放气，谨防高温徒长。

4. 病虫害防治 越冬茬及早春茬甘蓝病害少，可用70%多菌灵锰锌或代森锰锌防治霜霉病。包球中后期不要打药护叶，让外叶自然衰败，钾往心叶转移。必要时人工处理外叶，让其自然衰败。或叶面喷高浓度叶面肥，放入洗衣粉伤害外叶促球生长。人工捕抓菜青虫，用敌敌畏燃烟熏杀飞虫。

5. 防止干烧心 用米醋50克、过磷酸钙50克对水14升，叶面喷1～2次防止干烧心。

6. 平衡土壤 碱性土壤每667平方米施石膏80千克或废硫酸5千克，增施牛粪和腐殖酸肥；酸性土壤每667平方米施石灰100千克，使土壤pH值达7～8，以防止土壤过酸烂棵，过碱棵儿小。土壤早期氮、磷、钾、钙、镁、硫的比例为12∶6∶9∶10∶4∶1，结球期达9∶3∶13∶8∶3∶1，土壤含盐浓度维持在3500毫克/千克。

五、两膜一苫拱棚西芹优质栽培规程

近几年，西芹以其株型大、品质脆嫩和清淡的香味备受种植者和消费者的喜爱，种植面积迅速扩大。西芹1号是台湾第一种苗公司培育的优良品种。通过试验示范，西芹表现抗逆、高产、优质等特点。

(一)特征特性

西芹1号株高70厘米左右,生长旺盛,叶柄宽厚,叶片肥大,株型紧凑,色泽亮绿。单株重量为1.5～2千克。实心,纤维少,质地脆嫩,食味清香,商品性好。抗寒,耐热,耐弱光,抗病性强。定植后10天左右收获,适合两膜一苫大棚秋茬、秋冬栽培和秋露地栽培。每667平方米西芹产量15 000～20 000千克。

(二)大棚秋茬栽培

1. 播种育苗 大棚秋茬芹菜以大苗定植为好,晋南地区6月上旬播种,苗龄70～80天。苗床要施足基肥,深翻耙细整平做畦,畦宽1米左右。西芹种子在气温高于25℃的条件下难以发芽,夏季不能干籽直播,要先用冷水浸种24小时,种子出水后摊开晾晒,然后放在15℃～20℃的条件下催芽(可用湿布包好,吊在水井中近水面处),待部分种子出芽后播种。播种时,将苗床浇透水,种子掺细沙后均匀播种,用过筛的细土覆盖住种子即可。畦面覆盖草帘遮荫保湿,出苗后撤掉草苫。种植667平方米西芹需种子50～80克。

2. 苗期管理 播后2天喷施施田补或氟乐灵等除草剂,每100平方米苗床用药18～20克,对水10～12升均匀喷洒畦面。一般播后8～10天出齐苗。出苗半个月后疏苗,1个月后间苗,苗距4～5厘米,间苗后浇水。应及时浇水,以保持畦面湿润。

3. 整地定植 8月中旬定植,每667平方米施农家肥5 000千克,尿素10～15千克,硫酸钾20千克,EM微生物菌肥1千克,深翻整地做畦,畦宽1～1.2米,搂平畦面后定植。

行株距25厘米×20厘米，每667平方米定植10 000～14 000株，定植后浇透水。

4. 田间管理 定植后小水勤浇，保持畦面湿润。缓苗后松土蹲苗5～7天，以利于发根、壮苗。9月上旬扣棚，扣棚后通风排湿。生长期每5～7天浇水1次，浇2次水追施1次肥，每次每667平方米施EM液体微生物菌肥1～2千克。进入10月份气温下降，应逐渐缩小通风口。10月下旬棚内扣两层膜以防寒保温。11月初喷洒植物基因诱导剂或植物传导素，保护植株在3℃～4℃不受冻害。

(三)秋冬栽培

6月中旬播种育苗，其育苗、施肥、定植方法同上。8月下旬定植，畦宽1～1.2米，定植后浇透水。缓苗后松土蹲苗5～7天，小水勤浇，以保持畦面湿润。每次浇水每667平方米追尿素10～15千克或EM液体微生物菌肥1～2千克。9月上旬覆盖薄膜，覆膜初期要通风排湿；随着气温下降，逐渐减少通风量。在严寒季节要注意防寒保温，棚内扣两层膜，夜间覆盖棉被或草苫保温，必要时棚内设火炉早晚加温。配合叶面喷施蔬菜防冻剂，每100克对水10～15升，每7～10天喷1次。植物基因诱导剂一生只喷1～2次即可，使植株在3℃～4℃也不至于受冻害，保证植株正常生长。

(四)病虫害防治

西芹的主要病害是斑枯病，在其发病初期用霜疫清或代森锰锌600～700倍液喷施，每5～7天喷1次，连喷2～3次，即可有效控制病害。其虫害主要是蚜虫，扣棚后可用敌敌畏250～300克掺锯末500克在棚内分成若干堆，用火点燃，密闭棚室熏蒸1夜。蚜虫发生时,每667平方米可用烟雾剂4号350克熏蒸。

(五)采 收

两膜一苫大棚栽培一般在11月中下旬后收获,越冬西芹可根据市场行情随时采收上市,甚至可推迟到元旦上市。在延后栽培期间,使西芹处在0℃～5℃的低温条件下,以延迟老化。

六、两膜一苫拱棚黄瓜优质栽培规程

两膜一苫大棚可栽培延秋续早春茬或越冬嫁接茬黄瓜,两膜一苫小棚适于栽培早春茬。

(一)茬口安排

越冬茬黄瓜9月播种育苗,延秋茬在7月下旬直播,早春茬12月下旬播种。每667平方米用种量为100～150克。

(二)品种选择

越冬茬宜用津优30号、裕优3号和津优3号品种,延秋茬宜用津绿4号、津优1号等品种,早春茬宜用津优1号、津优2号品种。

(三)育苗技术

1. 种子处理 黄瓜种子用铜制剂消毒,在55℃温水中浸种3～4小时后洗净控去水分,在25℃～32℃条件下催芽。

2. 营养土配制 园土3份,腐熟牛粪3份,腐殖酸肥3

份，并用少许磷酸二氢钾、50%多菌灵50克与营养土50千克拌匀，过筛后装入营养钵。

3. 育苗与嫁接(以越冬茬为例) 撒播种子前，首先在畦内浇10厘米深的水，水渗后撒一层粪土；然后，撒播出芽的种子，覆土0.5厘米厚。4天后将已催芽的南瓜种子播于营养钵中。当南瓜第一片真叶半展开，黄瓜第一片真叶长3厘米时嫁接。嫁接后扣棚遮阳，棚内空气相对湿度保持95%，白天气温25℃～32℃，晚上17℃～20℃，3～4天逐渐撤掉遮阳物。5～6天后嫁接苗成活，撤掉小棚，缓苗控水，不旱不浇。当幼苗有3～4片叶时，喷增瓜灵1次，以促进雌花形成。定植前7～10天进行低温炼苗，白天气温保持在18℃～20℃，夜间气温12℃～14℃。

(四)生育期管理

1. 施肥整地 每667平方米施鸡粪、牛粪各3000千克，腐殖酸磷肥4千克，固体微生物菌肥10千克或液体微生物菌肥1千克，硫酸钾30千克。将土壤深翻30厘米晒垡，施肥后耕翻均匀。如土壤恶化，在定植前15天，每667平方米施入2千克硫酸铜，整平地做畦。畦高15厘米，宽40厘米，畦距80厘米。

2. 定植 大行距80厘米，小行距50厘米，株距30厘米。每667平方米栽种3400株左右，浅栽，以垡土盖住营养钵为度。栽后浇1次水，此后蹲苗促根深扎。

3. 栽后管理

(1)温度 从定植至缓苗不通风。白天室温保持28℃～32℃，夜间20℃～22℃。缓苗后，白天室温保持25℃～32℃，夜间16℃～18℃。黄瓜开始坐瓜后，保持低温则小胎多。因此，上午应保持23℃～26℃，不超过28℃。雌花多时，白天室温保持30℃～32℃，午后22℃～20℃，前半夜18℃～16℃，不超过20℃；清晨揭苫时室温在12℃～10℃。

(2)光照　在温度和二氧化碳浓度处于自然状态时，黄瓜的光饱和点为5.5万勒，光补偿点为0.9万勒。在温度、二氧化碳浓度均高的情况下，黄瓜的光饱和点能显著提高。因此，应在弱光期铺地膜，北边张挂地膜反光；光强时，棚面泼泥水，覆盖遮荫网挡光。小瓜少时，创造低温、弱光、短日照的环境条件。

(3)水肥　定植缓苗后，控水蹲苗促长深根，直至根瓜膨大前不浇水。根瓜采摘后，小水勤浇。2月中旬以前，一般每隔15天左右浇1次水；2月中旬至4月初，每10天浇1次水；4月份以后，每3～5天浇1次水。追肥根据黄瓜需肥情况分次随水追入。结果期以钾肥为主，按100千克50%硫酸钾产果实6000千克衡量，每次可随水施5～8千克有机氮肥拌矿物磷肥。或每次冲入液体微生物菌肥1～2千克，用于固氮解磷，可满足生长需要。

(4)盘蔓　严寒季节(12月底至翌年2月初)和高温季节(4～8月)，将秧蔓落到1.4米以下，其他时间高度控制在1.7～2米之间。

结瓜期保持空气相对湿度85%，南沿和顶部开两道缝，及时排湿浇水。

4. 两项具体措施

(1)草帘揭盖　冬季早揭早盖，早见光，夜温高。高温长日照期，迟揭早盖草苫促生雌瓜，以盖后1小时棚温在18℃左右为宜。

(2)连阴放晴管理　连阴天光弱时期，叶面喷EM微生物菌肥以平衡营养，使根不萎缩。放晴后炼苗，揭苫放气，逐渐加大揭苫面积。

（五）病虫害防治

1. 农业防治 合理稀植，及时打杈疏枝，缩短棚内15℃～21℃适菌繁殖、蔓延温度的时间，降湿排雾气。

2. 生态防治 叶面喷铜、钙制剂以防治细菌性病害，喷钾、硼制剂以防治真菌性病害，喷锌、硅制剂以防治病毒病。

3. 物理防治 采用银灰色反光幕驱避蚜虫，设置黄板粘着条诱杀蚜虫及白粉虱。

4. 生物防治和药物防治 ①霜霉病、白粉病发生前或初见病斑时，喷2%抗霉素水剂200倍液。也可用45%百菌清烟剂熏杀。②对霜霉病及疫病，用50%多菌灵锰锌500倍液喷洒。③对白粉病，用农抗120或武夷菌素150倍液喷洒，或用小苏打1000倍液或食盐300倍液作叶面喷洒。④用韶关霉素防治蚜虫，用灭蚜粉虱烟剂防治白粉虱，用苏云金杆菌防治菜青虫，用乐斯本或农地乐或高渗苦参碱防治地下害虫。定植期间施1次植物基因诱导剂，一生几乎无病害。

七、两膜一苫拱棚辣椒优质栽培规程

两膜一苫拱棚栽培辣椒以淮河流域为早而且比较普遍。没有发明在棚北设一木棒支架草苫拉放技术之前，菜农多采用中棚内套小棚，小棚上扣草苫的办法栽培辣椒，既费工麻烦，又浪费土地。发明草苫支架拉放技术和有了玻璃钢骨架后，覆盖7米长的草苫，100米长的棚只用20～30分钟就可完成揭盖工作，既充分利用土地，又省时省工。利用两膜一苫拱棚栽培辣椒，由于昼夜温差大，有利于控秧促果；便于排湿降温，病害少；四周可进入散光，光合作用时间长，因而产量高，品质好。其栽培管理技术如下。

（一）茬口安排

延秋茬在 7 月初播种，8 月中旬扣外棚膜定植，11 月中旬扣小棚膜，11 月下旬盖草苫。11 月至 12 月上旬，陆续采收门椒、对椒、四门斗上市。12 月中下旬着生满天星，长成后挂果存放到翌年 2 月份，在春节前后上市时一次性采收结束。

早春茬在 10 月中旬扣棚育苗，11 月上旬盖草苫，以后酌情扣小棚。翌年 1 月份定植，3～6 月份上市。

（二）品种选择

两膜一苫拱棚生产延秋茬辣椒，应选择以下两个耐高温、抗病毒病、丰产耐贮的优良品种。

一是汴椒 1 号。河南省开封市红绿辣椒研究所选育。果实牛角形，长 14～16 厘米，粗 5.6 厘米。肉厚，耐运。单果重 90 克，大的达 150 克。果紫红色，辣味适中。中早熟。前中期产量高。延秋栽培每 667 平方米栽 7 000 株，可产辣椒 2 500～5 000千克。

二是湘研 13 号。湖南省农业科学院蔬菜研究所选育。果实牛角形，长 16.4 厘米，粗 4.5 厘米，肉厚 0.4 厘米。单果重 58～100 克。中熟。坐果性强，耐寒，耐热。采收期长。果大而直，丰满光滑，微辣。抗疫病和病毒病。延秋栽培每 667 平方米栽 5 000 株，可产辣椒 3 500～4 500 千克。

早春茬栽培宜选用以下两个早熟、生长快、耐低温弱光、抗热、抗疫病的优良品种。

一是苏椒5号。江苏省农业科学院蔬菜研究所选育。极早熟。微辣。果实灯笼形。单果重30～65克。果长9～10厘米,横径4.2厘米。果实淡绿色,形状好。耐寒,抗病毒病和炭疽病。每穴栽2株,每667平方米栽4000穴,产辣椒3500～5500千克。

二是良椒1号。山西省夏县蔬菜研究所培育。早熟。嫩果微辣,老果中辣。果实细羊角形,皱弯,长30厘米,粗2.5厘米。香绵清脆,食味佳。皮色绿亮,以绿果上市为好。每667平方米栽4000穴共6000株,可产辣椒3000～4000千克。

(三)育苗技术

选择地势高、排水方便、不窝风、前茬非瓜类和茄果类的地块育苗。育苗具体技术如下。

1. 备畦下种 畦宽1.2米,长不限,每667平方米备苗床地60平方米。畦土深翻晾晒。施腐熟牛粪或腐殖酸肥3成(250千克),EM液体微生物菌肥500克,磷酸二氢钾1千克,硫酸锌0.1千克,将地整平踏实。延秋茬按7000～10000株备苗,淘汰30%,浇1次透水(4厘米深)。按8厘米见方划格或用8厘米直径的营养钵、纸袋育苗,每方格内播2～3粒种子,覆细土0.5厘米厚即可。

2. 浸种催芽 延秋茬播种前用冷水浸种。早春茬播种前用55℃热水浸种,边倒水边搅拌,待水温降至30℃时再浸泡30分钟,捞起。延秋茬种子再用高锰酸钾300倍液水浸15分钟,以防止病毒病;早春茬种子用硫酸铜200倍液浸泡15分钟,以防止疫病,分别捞起用清水冲洗一遍,放在30℃处催芽,待70%的种子露白后播种。

3. 遮荫防雨 延秋辣椒育苗必须备有挡雨遮荫设备，可用竹竿或支架搭起拱棚，顶部覆盖旧膜挡雨，防止雨水侵入而传染病毒病。拱棚四周敞开，保证通风透气，并设防虫网或窗纱网，防止发生虫传病毒病。高温期在膜上泼泥水，盖树枝或遮阳网挡光降温。幼苗期喷硫酸锌 700 倍液，高温期喷硼、钙营养素 1000 倍液，防止病毒病和生长点萎缩干枯。

(四)栽培管理

1. 土壤 选砂壤土质。如土质过黏时要掺沙，过沙应增施有机肥，偏酸应施牛粪或石灰，使土壤透气性达 19%。

2. 肥料 牛粪、鸡粪各施 3000 千克，过磷酸钙 50 千克，硫酸钾 20 千克，硼砂 1 千克，EM 液体微生物菌肥 1 千克。

3. 水分 延秋茬苗期不要缺水，防止土壤干燥引起病毒病。早春茬苗期不能积水，防止高温缺氧沤根引起疫病蔓延。高垄定植，栽后用植物基因诱导剂灌根，可增加根系 70%。开花结果前，控水蹲苗以防止根浅秧旺。盛果期土壤要见干见湿，空气相对湿度为 65%～75%，不积水。

4. 密度 一般大行距为 40 厘米，小行距为 30 厘米，株距为 26～27 厘米。要合理稀植，以利于矮化产量高。定植后，如有个别小苗，应用硫酸锌 1000 倍液灌根，5～7 天后使小苗赶齐。

5. 温度 白天温度保持 22℃～30℃，前半夜 17℃～18℃，下半夜开花期保持 13℃左右，结果期保持 10℃左右。

6. 光照 早春茬栽后盖反光地膜，弱光期注意擦膜，强光期注意遮阳，产量可提高 34%左右。

7. 气体 有光时，在保持棚温为 25℃左右的前提下，可揭缝放进二氧化碳。浇施 EM 液体微生物菌肥和碳素有机肥，加大二氧化碳浓度，从而提高产量。

8. 防病 定植时，每 667 平方米用硫酸铜 2 千克拌碳酸氢铵 9 千克施在根下防治疫病、死缺，浇施硫酸锌 1 千克防治病毒病。

八、两膜一苫拱棚菜豆优质栽培规程

蔓生菜豆为缠绕性草本植物，喜温，耐弱光，不耐强光和高温，适宜在冬春季两膜一苫拱棚内作延秋和早春栽培。

(一)茬口安排

在晋南地区，适宜豆角结荚的季节有两个高峰期：一是延秋茬的 10～12 月份；二是冬春茬的 2～4 月份。如果冬至前后棚温最低能保持在 14℃，元旦、春节期间可大量生产。适宜结荚期每隔 2～3 天能收 1 茬果，1 茬可采豆荚 400 千克。

(二) 品种选择

菜豆宜选用单产高、荚多而大、抗湿害的蔓生易矮化品种。

1. 泰国绿龙蔓生刀豆角 耐低温弱光。早熟高产。豆荚浅绿白嫩，荚长 27～30 厘米，荚重 40～50 千克。株高在 2 米左右时结荚，结荚期像一个个绿柱上挂满玉石刀，十分美观。白花，蝶形花冠，自花授粉。适宜延秋、越冬和早春温室内栽培，每 667 平方米产豆角 5 000～6 000 千克。

2. 白丰蔓生刀豆角 中国农业科学院蔬菜花卉研究所选育的中早熟品种。嫩荚直，圆棍形，皮色洁白。每 667 平方米产豆角 4 000 千克左右。适宜两膜一苫栽培。

3. 日本大白棒　早熟品种。商品形状好。耐热，抗病。嫩荚绿白色，最长的达 45 厘米。适宜早春和越冬茬栽培。落蔓栽培，每 667 平方米产豆角 7000 千克。

4. 广大 930　大连广大种子有限公司培育。耐低温弱光，生长速度快，适宜两膜一苫拱棚越冬茬栽培。一般每 667 平方米一茬产豆角 5000 千克，落蔓栽培可产豆角 7000 千克。

（三）施肥整地

两膜一苫拱棚栽培菜豆，生长期长，需肥量较大，控氮肥矮化栽培产量高，一般每 667 平方米生产 5000 千克菜豆，需施腐熟 7～8 成的鸡粪 3000 千克，牛粪 2000 千克（有机肥不足时，可拌施过磷酸钙 40～60 千克），草木灰 500～600 千克，硫酸钾 40 千克，EM 液体微生物菌肥 1 千克。所施肥料 2/3 撒施，1/3 穴施。撒施后深耕 30 厘米，耙细耙平。实行高垄栽培。垄高 15 厘米，垄宽 40 厘米，沟宽 40 厘米。采用1.5 米宽幅地膜隔沟盖沟。

（四）合理稀植

蔓生菜豆稀植矮化栽培产量高。菜豆从下种到采收期长达 100 天以上。营养钵育苗移栽便于幼苗管理，在两膜一苫拱棚内前茬作物腾地前及早安排，以提高两膜一苫的利用价值。因菜豆主根木栓化早，再生力弱，如移栽时伤根难以恢复，因此以直播为好。需在元旦、春节上市的，应在 10 月下旬至 11 月上中旬播种。采用营养土方或纸袋育苗方法，营养土方可用腐熟 5～6 成的牛粪 3 份，熟阳土 5 份，腐殖酸肥和杂土 2 份，磷酸二氢钾 1 千克。幼苗有 3～4 叶时定植。每垄 1

行，每穴栽2株，穴距25厘米。每667平方米栽3500穴，用种量为3.5～4千克，留苗0.7万株左右。定植不可过密，否则秧蔓徒长，落花、落荚严重，结荚少而小。如直播，结荚位高，叶蔓旺。

（五）管理措施

1. 温度 菜豆忌夜间地温低，喜白天和夜间较高气温。出苗前地温保持20℃左右，白天气温保持28℃～30℃；出土后白天保持20℃左右，夜间10℃～13℃，可短时间为8℃左右。防止高温徒长。真叶展开后和移栽前，白天保持18℃低温进行炼苗。定植后到抽蔓期为花芽分化期，白天棚内温度保持20℃～25℃。温度保持在23℃～28℃，有利于根瘤菌繁殖生长；低于13℃时，根瘤菌生长受到抑制。因此，夜间温度不低于15℃，最好保持在16℃左右。结荚后夜间温度降低为14℃左右。9℃以下不分化花芽，高于27℃容易出现不完全花，低于14℃不易授粉受精，超过30℃要遮阳、通风降温。温度为0℃时豆角受冻害，为2℃～3℃时叶片失绿。温度回升到15℃能使豆角恢复生长，但将造成严重减产。

2. 营养 菜豆需要的氮、磷、钾比为1.6∶1∶2。在两膜一苫拱棚内种菜豆，须谨防施氮肥过多而使植株早衰。因为豆角根瘤菌可从大气中固定供给作物所需2/3的氮素，每季自供氮素相当于25千克硫酸铵，所以需减半施氮肥。如豆角生长点发黑、叶缩需补锌；叶脉缩需补硼；叶小而薄需补氮；荚生长慢需补钾；全株叶黄需补镁；植株徒长时叶面需喷植物基因诱导剂1000倍液控蔓。结荚收获期每7～15天浇1次水，每667平方米随水施磷酸二铵7～8千克，硫酸钾8～15千克。

3. 浇水　菜豆耐旱不耐涝。如土壤积水含氧低，将使植株成片枯黄。要求土壤含水量为65%，空气相对湿度为70%左右。如水分过大易“饿长”，叶、蔓过旺，产量降低。生长点发黄、卷须、尖头无干状不浇水。浇水后应及时将室温调节到20℃以上再通风排湿，以避免植株徒长，引起落花、落荚或染病。

4. 整枝　豆角龙头长到2米高时，将生长点弯下，使龙头距棚膜20厘米左右，使叶、蔓在吊绳上均匀分布。主蔓第一花序以下各节侧枝应及早剪除，以防止其爬到棚顶结疙瘩蔓而影响光照和通风。采收3～4茬豆荚后，暂停弯龙头。每4～10天采收1次，并将花序和豆荚以下的黄叶、病叶摘掉。结荚后期(3～4月份)植株开始老化，应将老蔓剪去。此时每667平方米施硫酸锌1千克，EM液体微生物菌肥1千克，以促进侧枝再生和潜伏芽开花结荚。这样可继续收获相当于正茬的50%～60%的产量。

5. 调节叶蔓　控蔓促荚是两膜一苫拱棚菜豆栽培的关键技术。控蔓促荚，以叶片能充分利用空间，遮阳率不超过15%为度。开花期喷5毫克/千克丰产露或豆满藤溶液防止落花落荚，控秧促果；幼苗期用植物基因诱导剂1000倍液作叶面喷洒，可明显促进花芽分化，控蔓增荚。

6. 病虫害防治　用代森锰锌或多菌灵锰锌防治叶锈病；用铜铵合剂防治炭疽病；用霜霉疫净、倍得利防治疫病；用80%敌敌畏燃暗火熏烟防治蚜虫、白粉虱，每667平方米用敌敌畏250～300克；用阿维菌素、潜蝇宝防治斑潜蝇，连喷2次。

7. 中耕　最低地温在15℃以上时不盖地膜，中耕松土，脱除地表水分促根深扎。地温稳定在16℃时，及时揭去地膜，进行中耕以增强透气性，促进微生物活动和根系再生。

8. 及时采收 采收所用工具要清洁、卫生、无污染。要及时分批采收，以减轻植株负担，确保豆角质量，促进后期果实膨大。

九、两膜一苫拱棚青椒优质栽培规程

(一)茬口安排

1～4 月上市的，播种期在上一年 8 月中下旬。从苗期到幼果期需 70 天左右，生长期 50 天，收获期 120 天左右，需在鸟翼形无后墙或矮后墙长后坡生态温室和两膜一苫拱棚内生产。

5～8 月上市的，12 月初播种，翌年 3 月下旬定植。需在温室内育苗，在早春拱棚内栽培。

9～12 月上市的，需在 3 月份阳畦育苗，6 月底定植，露地生产，11 月份收获贮藏，待价高时上市。

11 月下旬至翌年 2 月上市的，在 7 月上旬下种，在两膜一苫拱棚内生产，年前大量收一茬青椒，翌年 2 月续收，至 8 月结束。

(二)育苗技术

1. 种子消毒 将种子放入瓦盆，用 30℃温水浸泡 4 小时即吸足水，捞出用 10％磷酸三钠浸 20 分钟或 10％高锰酸钾浸 30 分钟，以预防病毒病；用 15％硫酸铜浸种可防治炭疽病；用 10％氯酸钠浸种 10 分钟可防治疫病。每 667 平方米用种 150 克。

2. 床土配制 栽667平方米需准备苗床35平方米。冬春茬营养土用腐熟牛粪3份，腐殖酸有机肥2份，阳土5份，拌少许磷酸二氢钾。夏秋茬营养土配约20%的猪粪，以有利于壮秧。

3. 催芽 将粗沙放入木箱中，撒匀种子，覆盖沙土1厘米厚，浇透水，置于25℃～30℃处，16小时后使温度下降至5℃～8℃，或变温处理催芽，3～4天后出芽播种。

4. 播种 做1.3～1.5米宽的阳畦，底土整平踩实，畦面整平，浇4厘米深的水。水渗下后，每4平方厘米见方播1粒出芽种子，覆土1厘米厚，盖塑料膜遮阳保湿，保持畦温20℃～25℃，7天内出齐苗。这样做可不分苗，以免分苗伤根染病毒病。苗龄90天左右。

（三）有机生态平衡管理

1. 土壤 甜椒根不发达，土壤pH值为7～8的地块均可栽培甜椒。耕作层深35厘米，有机质含量2%左右，氮含量100毫克/千克，磷含量40毫克/千克，钾含量200毫克/千克。栽植地要远离公路和工厂，水质要清洁，前作未用化学氮肥和剧毒高残留农药。

2. 肥料 甜椒喜有机质肥。若是新开菜地，每667平方米可施鸡粪、牛粪各3500千克，第二年各施2500千克，腐殖酸有机肥150千克，EM液体微生物菌肥1千克，50%硫酸钾25千克，这样其土壤浓度可达到甜椒生长平衡营养的要求。如果有机肥不足，需补充过磷酸钙100千克，与有机肥拌施，一半做普撒，一半做穴施，氮、磷、钾比例为3∶1∶5。

3. 密度 甜椒忌强光、忌徒长。用两膜一苫拱棚栽培，以稀植为好，这样便于通风透光，使其矮化高产。单株产果

10个。单果重125克左右。每穴栽1株，垄高12厘米，垄两侧各栽苗1行，沟宽90厘米，穴距33厘米。如果露地栽植，以密植为好，这样便于覆盖地面，遮光降温，提高产量。露地栽植，以东西长做垄，垄高10厘米，垄距27～28厘米，将苗栽入垄北侧中位，以避免阳光曝晒而脱水或积水伤根。穴距33厘米，每穴栽1～2株，每667平方米栽5000～6000株，共栽3500～4000穴。

4. 水分 甜椒根木质化，忌涝喜水。如果两膜一苫拱棚冬季栽培，在温度为20℃以上时定植，以干地栽苗后浇水为好。大冻前浇足水。苗期控水以促长深根。如发生僵小苗，可每667平方米随水浇硫酸锌1千克或EM液体微生物菌肥1千克。结果期控水以防止徒长，可随水冲施50%硫酸钾促果，按50%硫酸钾100千克产甜椒5000千克投肥。露地管理以下午浇水为好，以利于降温防病。苗期高温期勿缺水，以促进枝、叶生长。封垄盖地，以利于抗病增产。注意防止积水导致沤根死秧。

5. 种子 两膜一苫拱棚秋冬栽培可选耐低温弱光、在12℃以下可正常授粉的品种，如中椒11号、冀研4号和中椒4号。早春栽培可选抗病毒病、耐高温的果大肉厚的品种，如中椒5号、茄门、湘研16号、特大甜椒王等。

6. 覆盖物 两膜一苫拱棚越冬栽培应选用聚乙烯紫光膜。使用该膜，温度高、透光、抑菌，有利于矮化管理，可增产25%左右。露地越夏栽培，可选用银灰色遮阳网覆盖，或种玉米等高秆作物挡光降温、避虫，光照强度掌握在4万勒左右，可增产34%以上。

7. 温度 白天光合作用温度控制在25℃～35℃，傍晚18℃左右，花蕾期下半夜13℃～15℃，结果期8℃～10℃，昼夜温差为20℃，以利于甜椒膨大。

8. 气体 增施有机肥和微生物菌肥，可自生大量二氧化碳，也可在生长前期、中期施放二氧化碳，在12小时左右二氧化碳浓度能保持1200毫克/千克，增产幅度可提高1倍。谨防未腐熟鸡粪、人粪尿、碳酸氢铵熏染和氨气中毒伤叶死秧。

9. 防止落花 ①将植株拥挤处的弱枝、空枝及早摘掉，以集中营养保花长果。②苗期浇施植物基因诱导剂，以控秧促长蕾果。③浇施微生物菌肥，以平衡植物和土壤营养，达到保花保果的目的。④叶面喷绿浪以控叶壮蕾。⑤增施钾、硼肥，以促花果生长，防止落花落果。

10. 病虫害防治 苗期在叶面上喷1～2次络铵铜，浇1次有益菌剂防病；定植时每667平方米用2千克硫酸铜拌碳酸氢铵9千克闷24小时，均匀撒在穴内根下，防治疫病效果明显。随水追施硫酸锌1千克以促根壮秧。用黄板或挂频振式杀虫灯诱杀飞虫，防止病毒病。适当深栽，勿过度施肥。在傍晚放毒饵杀地下害虫，避免虫伤根茎引起根腐病。重茬种植可用电爆土壤消毒机灭菌消毒，以防止死秧。

十、两膜一苫大棚菜用豇豆优质栽培规程

豇豆原产于西非，汉朝时传入我国。我国露地栽培豇豆历史悠久，而温室栽培只有10多年的历史。

豇豆喜温暖，耐热，各生育期对光照、温度要求高于菜豆。其生态平衡优质高产栽培规程如下。

(一)栽培茬口

两膜一苫拱棚栽培豇豆在华南地区可安排4个茬口：

①秋冬茬。8月上中旬播种，10～12月覆盖采豆。②越冬茬。10月上中旬播种，12月上旬至翌年2月中旬上市，翻花结荚可延长到3月中旬。③冬春茬。11月中下旬播种，翌年3～4月上市。④早春茬。2月中下旬播种，4～6月收获。

华北以北地区两膜一苫拱棚栽培豇豆，以安排二茬栽培为好，这样效益好。①秋延后茬。8～9月上旬播种，11月至翌年元旦前后上市。②冬春茬。12月份播种，翌年3～4月上市，采收期可延长到6～7月。

(二)品种选择

近年栽培较常用的品种是扬州80和张塘豇豆。新选育的优良品种有早熟品种之豇特早30，为浙江省农业科学院选育；中熟品种青豇80，较之豇28-2高产25%～34%。还有内蒙古自治区开鲁县菜豆良种繁育场选育的翠绿100。

延秋和早春早熟栽培可用早中熟品种，因为它生长期短，上市早，其产品能赶市场空当。越冬和早春栽培，可选用豆荚长在80～100厘米、生长期为90～100天的张塘特长和翠绿100等中晚熟品种。每667平方米可产鲜豆荚4000千克左右。

(三)土壤要求

豇豆根系不发达，怕积水脱氧沤根，需选择砂壤土种植。如为黏重土壤，需施牛粪、腐殖酸有机肥和掺沙，以增加透气性。勿选低洼地。需起垄栽培。

(四)整地施肥

播前15天深翻土壤，每667平方米施腐熟7～8成的农家肥 4000 千克(鸡粪、牛粪各半)，磷酸二铵 20 千克，草木灰 500 千克或硫酸钾 20 千克，拌 EM 液体微生物菌肥 1 千克或固态 EM 微生物菌肥 10 千克，与土拌匀耙平，做成高 12～13 厘米、宽 90 厘米的小高畦。

(五)稀植播种

当地温稳定在 12℃以上即可直播。稀植蔓矮壮、茎粗、结荚早而壮。延秋茬、越冬茬要晚些铺地膜，冬春茬和早春茬需及时盖膜。行距 55～56 厘米，穴距 40 厘米，每穴 2 粒种子，深 2～3 厘米。苗出齐后，每 667 平方米留苗 2800～3000 穴，需种子 2.5 千克。

(六)管理要点

1. 水分 豇豆种皮不致密，胚内酶易外渗，所以一般不泡籽，用水浸湿稍晾后直播，浸水量不超过干籽重量的 50%。多采用干籽下种，水浇至渗透到种子处为佳。出苗后控水蹲苗，如天气不特干旱不必浇水。开花前 10 天浇 1 次水，以利于柱头伸出，开花期控水，以防止湿度过大难以授粉。结荚期不要缺水，地面土保持见干见湿，上松下湿。

2. 温度 出苗前，温度控制在 28℃～30℃，夜间 18℃；出土后，白天温度控制在 23℃～28℃，夜间 15℃；定植前白天温度控制在 20℃～25℃，夜间 13℃～15℃；结荚期白天温度控制在 28℃～32℃，夜间 13℃～15℃。豇豆根系生长的最低温度为 14℃。如果两膜一苫拱棚豇豆生长期秧弱根黄，主要原因是地温过低。如气温在 38℃左右，结荚仍良好。

3. 光照 豇豆耐弱光，喜光照，光照下限为 2000 勒。结荚期光照在 4 万～6 万勒。光照在 8 万～10 万勒生长良好，易授粉受精，豆荚生长快。但易老化，失水成无肉荚。

4. 吊蔓 当幼苗长到40厘米左右吊绳引蔓。蔓高1.5～2米时，需人工按逆时针引蔓，并将过高的生长点弯下，使高度不超过2.7米，以防止生长点互相缠绕后阳光照不到中下部叶蔓。

5. 追肥 每次每667平方米随浇水施尿素10千克，磷酸二氢钾10千克。按每667平方米产豆角4000～5000千克，需追施50%硫酸钾30～50千克，硼砂0.8千克，镁肥20～40千克。

6. 防治病害 当幼苗具6～7片真叶时，每667平方米施植物基因诱导剂50克，用500毫升热水化开，存放24小时，对水40升灌根。一小时后再浇1次小水。使植株矮化，根系可增加1.2倍，光合强度增加0.5～4倍，产量提高50%以上。用铜制剂和锰锌制剂防治叶锈病，用高锰酸钾、农用链霉素防治细菌性疫病，用硫酸锌和病毒A防治叶缩症和病毒病。

7. 防治虫害 发现地下害虫后，每667平方米取麦麸2.5千克，用火炒香后，加入500克白糖、400克醋和300克敌敌畏撒施杀虫。沤肥时，每3000千克畜粪拌EM液体微生物菌肥1千克，可解碳防止生虫。对蚜虫、白粉虱，可用灭蚜宁熏杀，或用菊酯类药喷杀；对美洲斑潜蝇可用潜蝇宝喷杀，连喷2天，灭虫效果明显。

8. 采收 两膜一苫拱棚内栽培豇豆比露地豆角长20%左右，荚壮色艳。幼荚多时，可及早摘中青长豆，以避免老豇豆生长而影响幼荚膨长。一般在豇豆长至70～80厘米时采摘，以防止过老荚空而影响品质和产量。摘1茬后立即浇水，以利于幼荚生长。

十一、两膜一苫大棚双茬甜瓜优质栽培规程

甜瓜又称洋香瓜。厚皮甜瓜香甜可口，为高档果品。甜瓜在盐碱土壤中生长，能促进生育，提早成熟，增加糖分效果。如哈密瓜、白兰瓜、黄河密等优质名牌厚皮甜瓜，均生长在砂质、轻度次生盐碱地。陕西省蒲城县苏坊农科站连增亲于1998年在当地pH值为8.2的水土环境下，推广保护地甜瓜生产一举成功，当年每667平方米两作产瓜7000千克。他4年中将甜瓜生产扩大到200公顷，产量最高的一茬每667平方米产5200千克。其栽培规程简述如下。

（一）品种选择

1. 中密1号甜瓜 中国农科院和新疆维吾尔自治区哈密瓜研究中心合作选育的优良品种。易授粉坐瓜。瓜皮有细网纹，浅青绿色。瓜肉厚3厘米，质脆清香，折光糖度为15%以上。单瓜重1千克。

2. 密龙 天津市蔬菜研究所育成。高温、低温均能正常开花坐果。瓜皮具粗网纹，灰绿色。成熟后略转黄。单瓜重2千克。肉厚3～4厘米，鲜美爽脆，折光糖度为16%。是适宜春秋两作保护地栽培的新品种。

此外，状元、新世纪、伊丽莎白、金密均宜在两膜一苫拱棚内作一年两茬栽培。

（二）茬口安排

甜瓜从下种到收获为90～120天，1年可种2～3茬。目前，露地甜瓜盛产期（即6～10月）为低价期。为此，两膜一苫

大棚栽培上市期应瞄准11月至翌年5月。这样,秋茬下种期宜确定在7～8月,11月至翌年2月前上市;春茬下种期宜于10月至12月初下种,翌年3～5月上市。早春栽培在1月下旬播种,2月下旬定植,3～4月上市。

(三)育苗要点

每667平方米需种子50～75克。将种子放入瓦盆,倒入55℃温水,边倒水、边搅拌。当水温下降到25℃～30℃时,浸泡4小时,然后用干净的湿纱布包好,放在30℃处催芽,20～24小时后露白即可播种。

由于甜瓜根系生长快且易老化,不易伤根,故适宜用10厘米见方的营养钵育苗。营养土的配制:腐殖酸肥20%,腐熟牛粪30%,阳土50%。每平方米基质加入0.1千克磷酸二氢钾,搅匀后装入育苗钵达7～8成高。播种时种芽向下,覆湿润营养土1～1.5厘米厚,浇水时要渗透到种子处。白天温度保持在25℃～32℃,夜间18℃～20℃。经2～3天出苗后,昼夜要温度下降5℃,以防止高温徒长。当幼苗具3～4片真叶,苗龄为35天左右时定植。

(四)定　植

当10厘米土层温度稳定在15℃以上时移栽,每667平方米施牛粪3000千克,鸡粪2500千克,腐殖酸磷肥40千克,50%硫酸钾24千克。施肥时,50%做撒施,50%做穴、条施。棚内按60厘米行距做畦,株距35～40厘米,每667平方米栽1800～2000株。

(五)提高产品质量和效益的措施

1. 选适销对路品种 消费者要求甜瓜外形色泽宜人。果实成熟度从颜色上可分辨出来,如黄绿色、金黄色、米黄色和浅绿色等,从外皮变化看出成熟度,以利于杜绝生瓜上市与误购。

2. 少施氮肥,保证钾肥 过量施氮素肥,不仅可萌生过多侧枝,分散营养,影响膨瓜,而且会降低含糖量。在有机肥施足(瘠薄地可增施占标准用量的50%)的前提下,叶面积结构以互不拥挤、田间散光充足、地面可见直射光为5%左右为度。不追施或前期施1次尿素5千克,总量控制在每667平方米30千克的水平。结瓜期禁施氮素化肥。钾是甜瓜膨大的主要营养,结瓜期按每667平方米产瓜5 000千克投入50%硫酸钾100千克,可大幅度提高产量,并提高含糖度0.8%左右。每667平方米施50千克芝麻饼或大豆饼,食味更佳。

3. 保证昼夜温差 春秋两作宜建设鸟翼形大棚,保证结瓜期昼夜温差在10℃以上,即白天保持28℃,晚上12℃～15℃。冬至前后室内最低温度在12℃以上,白天为30℃左右。保证适宜的光合强度,保证营养运转和积累。

4. 禁止大水漫灌 甜瓜根系浅而密集,持水耐旱,不需大水漫灌,否则易积水沤根而影响光合产物的积累,导致瓜小质劣。可安装滴管或铺沙降湿。“碱往高处走,水往低处流”。pH值超过7.5的地块,为防止表土含碱量过大,可采取平畦栽植。11月至翌年4月铺地膜保墒保温,控湿控碱。

(六)矮化壮秧促瓜

当植株具4～5片叶时,将主蔓摘心,以促生侧蔓。选两个壮侧芽引其上架。进行单蔓整枝,留1个芽,将其余子孙侧蔓全部摘除。一般留瓜多在10～14节处。如苗期喷灌植物基因诱导剂,光合作用可提高1～4倍,可在8～10叶处留1个瓜,在14～16叶处再留1个瓜。植株进行矮化,增产明显。当瓜长至250克左右时,用网兜吊起。全棚吊瓜高度要一致,以便于管理。

(七)人工辅助授粉

甜瓜必须进行人工授粉。在植株具9～10叶时,将当天新开雄花摘下,去除雄花花冠,用雄蕊往雌花柱头上涂抹。1朵雄花可涂3～4朵结瓜花。经昆虫或人工授粉的瓜风味纯正。用防落素蘸花结的瓜畸形,有异味。

(八)病虫害防治

育苗期可喷铜制剂,以增强植株对真菌、细菌病的抗性。在管理中,低温控制在15℃以下,高温控制在40℃以上可控制和杀灭霜霉真菌和叶斑细菌。保持高温干燥、通风换气,可以防病。及时摘去子孙蔓和老叶、黄叶、受伤叶片,可以控制病害。用齐螨素、潜蝇宝防治斑潜蝇。

十二、两膜一苫大棚双茬番茄优质栽培规程

(一)茬口与品种

延秋茬在7月上中旬至8月直播。宜选用毛粉802和金鹏品种。10月至12月上旬上市，每667平方米番茄产量7000～8000千克。续早春茬宜用保冠、中番11号、L402品种。在10月下旬育苗，翌年1月中下旬定植，4～5月上市，每667平方米番茄产量8000～10000千克。

越冬茬在9月下旬至10月播种，宜用川岛雪红、太空3号、中杂9号、沙龙F_1品种。1～3月份上市，每667平方米番茄产量10000千克左右。续越夏番茄，在4月上旬至5月下旬育苗，宜用毛粉802品种。8～9月份上市，每667平方米番茄产量6000千克左右。对越冬茬实行老株再生，5～6月份上市，可续产番茄4000～5000千克。同时，5～7月份早春拱棚番茄应市，即做到排开播种，周年上市。

(二)育苗技术

每667平方米需备苗床28平方米。床土配制：腐殖酸肥或土杂肥20％，牛粪30％，阳土50％，硫酸钾复合肥2千克，EM液体微生物菌肥500克。勿用氮素化肥。

做1.2米宽的畦，浇足水，水渗后播夏秋茬生长的种子。播前用高锰酸钾溶液浸泡种子2小时，以防止病毒病。越冬茬、早春茬生长的种子，用硫酸铜溶液浸泡2小时，以防止晚疫病。播后覆土0.5厘米厚。温度控制在25℃～30℃，芽出土后通风。育苗移栽的需在3叶1心时分苗，在5叶1心时

切方移位囤苗，以壮根防徒长。连阴天也要揭开草苫见光炼苗。夏秋季生长的，用硫酸锌700倍液叶面喷洒1～3次，或用硫酸锌1000倍液浇地防止病毒病。对徒长苗，可用微生物菌肥250克或高浓度叶面肥喷洒，以控制徒长。越冬茬、早春茬生长的，叶面喷1～3次络铵铜溶液，以预防猝倒病和青枯病。栽前10天用EM液体微生物菌肥或CM液体微生物菌肥50克对水14升作叶面喷洒，并逐步揭膜炼苗。

(三)定　植

1. 备肥　每667平方米备牛粪2500千克，鸡粪3000千克，腐殖酸肥200千克。注重施秸秆肥，拌微生物菌肥(固体10～20千克，液体1～2千克)，50%硫酸钾25千克。氮、磷、钾比例为3∶1∶7，碳、氮比为30∶1。所施肥料的一半做撒施，一半做沟(穴)施。

2. 做畦　土壤深耕25～30厘米，按大行60厘米、小行45厘米做畦，起垄高15厘米，番茄宜深栽12厘米左右，徒长秧需采取“V”字形栽培法。

3. 定植　株距为40厘米，每667平方米栽2900株左右。栽时随水冲入EM液体微生物菌肥1～2千克或硫酸锌1千克，此后控水蹲苗。

(四)田间管理

前期以促根控秧为主，中后期以控蔓促果为主。其栽培的关键技术如下。

1. 光照　番茄适宜光照时数为12小时，光照强度0.9万～7万勒。在冬季光弱时期，需铺地膜和挂反光幕，每3米远安装1只40瓦灯泡补光，与太阳光一并形成日照期，夜间留 6～8 小时暗化反应。夏季光照强需遮阳，并随光照强度需要时撤时遮。番茄对光周期要求不严，在两膜一苫拱棚内产量高，给予补光增产显著。越冬用紫光膜、聚氯乙烯蓝膜可增产 30%～40%。

2. 温度 番茄在 13℃以下或 35℃以上授粉受精不良。结果期适温为 15℃～33℃，白天 24℃～28℃，夜间 18℃～15℃，后半夜可忍受短时间 10℃～13℃低温。昼夜温度过高需通风、遮阳；温度过低晚上需加覆膜盖苫，以明火增温，昼夜温差以 10℃左右为好。

3. 营养 优质番茄要求有机氮肥、无机氮肥比不宜大于 1∶1，即每 667 平方米施 5 000 千克有机肥，施 60%牛粪，尿素投入量不应大于 30 千克，主要在中后期施用。磷肥以磷矿粉为主，以施在定植穴为好。钾肥按 50%硫酸钾 100 千克产果 6 000 千克投入，谨防氮多缺钾引起筋腐果。每 667 平方米施硼砂 1 千克，温度过高、过低期叶面喷 1～2 次钙肥和铜制剂，以防止产生脐腐果和细菌性病害。

4. 防治病虫害 每隔 10 天左右施入或叶面喷洒少许菌肥制剂，以平衡土壤和植物营养，避免缺素染病。严格控制浇水量和次数，谨防温度高染病。用铜制剂防治细菌、真菌性病害，促长效果好。用降温挡光、布防虫网、补锌等方法防治病毒病。每隔 2 茬每 667 平方米施硫酸铜 2 千克，防治土传病引起的青枯病死秧。

防治虫害：施用的粪肥要充分腐熟。抓捕入土成虫。用黄板诱杀，夜间投毒饵毒杀。设防虫网，用烟剂熏烟。切忌随水往田间冲入剧毒高残留农药。

(五)整　枝

两膜一苫拱棚栽培番茄宜单株整枝。延秋茬栽培和老株再生茬每株留5穗果,早春茬和越冬茬栽培每株宜留6～7穗果,每穗留3个果,不超过4果。及时打杈。

(六)脱叶囤果

延秋茬栽培最后一穗果轮廓长成时,摘去全部叶片,让果实慢慢后熟。同时,避免果实内钾素倒流到叶片而减产。早春茬待最后一穗果轮廓长成后,升温伤叶,使果实加速产生乙烯而着色,尽早上市。

(七)设　施

晋南地区拱圆大棚跨度为8～11米,外大棚覆两膜一苫,可利用9～11月和翌年2～5月温差和光照取得高额产量。越冬栽培用5～5.5米小跨度扣内棚,早春栽培用小棚。前期覆盖,中后期揭膜露天管理,生产番茄均易成功。

十三、两膜一苫大棚双茬茄子优质栽培规程

(一)设施及茬口

延秋茬栽培在5月播种,7月定植,8～10月上市。11～12月覆盖两膜一苫,元旦前上市。早春茬栽培在12月播种,翌年3月下旬定植,5～6月覆盖,7～9月进行露地管理。露地茄子栽培在10月份结束。

(二)品种选择

延秋、越冬栽培应选用耐低温弱光、色泽油黑、产量高、果形好的品种,如圆形果选用天津快圆、茄杂 8 号、北京九叶茄;长形果选用美引茄冠、大红袍。早春栽培选用河北茄杂 2 号、陕西大牛心品种。每 667 平方米产茄子均在 6000～10000 千克。

(三)育苗技术

华北地区 5 月份育苗,土壤条件适宜,无须浸种催芽。从直播至齐苗,白天温度保持在 28℃～30℃,夜间 20℃～15℃。齐苗后降温 2℃左右,分苗前白天保持 24℃～27℃,夜间 18℃～10℃;分苗后白天保持 28℃～30℃,夜间 22℃～27℃;定植前 5～7 天,白天保持 23℃～20℃,夜间 12℃～13℃,适当通风炼苗,谨防温高湿大引起徒长。做 1.3～1.5 米宽的阳畦,将垄背踩实。营养土的配制:辣椒茬园土 6 份,腐殖酸肥 1 份,牛粪 3 份,放入少许腐殖酸磷肥。将畦整平,浇 4 厘米深的水,水渗后撒一层细土,将种子用白酒浸泡 15 分钟,含入口中喷播均匀,而后用福美双 50 克拌土 500 克覆盖种子。分苗时,用硫酸锌 600 倍液浇灌,以增加根系数目。定植前,用络铵铜 300 倍液施入苗圃或喷洒,以防治茄子黄萎病。

(四)施　肥

茄子丰产所需氮、磷、钾比例为 3.2∶0.9∶4.5。每 667 平方米产 5000 千克茄子,需纯氮 32 千克,五氧化二磷 4.7 千克,氧化钾 45 千克。因氮肥只能利用 40%左右,故总需投入纯氮 32+38.4=70.4 千克。由于茄子正常生长的土壤持氮量为每667平方米不宜超过18千克，故氮肥应均衡投入，保证叶片大小适中、色泽墨绿即可。如果每667平方米施牛粪、鸡粪各2500千克，其含氮量为25千克左右，无须补氮就能满足茄子前期生长需要，故应防止氮肥过多造成叶、秆过旺而造成产量下降。

每667平方米产10000千克茄子需五氧化二磷9.4千克，因磷素易被土壤吸附固定而失效，只能利用20%左右，所以每667平方米穴施100千克腐殖酸磷肥就可满足茄子生长需要。这样，既可减少与土壤接触面，又可保持肥效，可诱根深扎，有利于长果实。

每667平方米产10000千克茄子需氧化钾4.5千克，相当于45%硫酸钾100千克的含量。由于钾素不挥发，不失效，可在定植时先施入45%硫酸钾30千克，其余在膨果期随水施入，并混入1千克硼肥促果。富钾田施钾肥也能增产，但如果每667平方米施牛粪、鸡粪各2500千克，则可减少投钾25千克。如果缺乏有机肥，则需投入腐殖酸肥200～300千克，EM液体微生物菌肥1～2千克或秸秆肥若干，并施入80千克茄子专用肥，使碳、氮比达30∶1，就可满足茄子前期对10多种营养元素的需求。新建两膜一苫拱棚第一年施肥量可超过0.5倍左右。

(五)定　植

按大行80厘米、小行60厘米起垄整平，按45厘米株距开深为3～4厘米的穴，秋冬茬每667平方米栽茄子1600～2000株，早春茬栽2200～2600株，棚内南北缘宜稀植，中间宜密些，每穴栽1株，浇水后合沟。待苗高15～18厘米时培土10厘米高。

（六）管　理

茄子增产的关键是调整好营养生长和生产期生长的关系，协调好二者的关系需搞好温度、水分、追肥、光照和整枝等控调管理。

1. 温度　茄子喜温，其生育适温为22℃～30℃，温度低于17℃时生长缓慢，如较长时间处于7℃～8℃会发生冷害而出现僵果。温度高于40℃时，花器生长受损。茄子定植缓苗后温度宜高些，白天保持28℃～30℃，夜间不低于15℃，地温保持在20℃左右。缓苗后，温度要降低；果实始收前，晴天上午保持25℃～30℃，下午28℃～20℃，前半夜20℃～18℃，后半夜13℃左右；果实采收期，上午保持26℃～32℃，下午30℃～24℃，前半夜21℃～18℃，后半夜15℃～13℃。阴天时白天保持20℃左右，夜间10℃～13℃，如低于下限温度会出现僵果和烂果。

在冬季低温弱光期，一般保低不放高，即白天气温不低于18℃，地温保持在18℃以上。种植圆茄子，不能用聚氯乙烯绿色膜做棚膜，以防止长出阴阳僵化果，可用聚乙烯紫光膜。冬季棚内气温 一般不会超过36℃，加之光照弱，没有必要把气温调得很高，否则养分消耗多、产量低，对低温寡照期安全生长不利。春季光强度逐渐加大，日照期加长，应尽可能按上述温度要求进行管理。谨防温度过高、水分多、氮肥多引起植株徒长。

2. 水分　茄子喜水，土壤过于干燥会影响茄子品质和生长速度。茄子生育前期水量宜小，应注意控水蹲苗以促扎深根。越冬期间每隔12天浇1次水，此时通风机会少，应减少浇水量，使空气湿度不超过80%。高温通风期可增加浇水量和次数。

3. 追肥 茄子生长前期注重施磷，以促进花芽分化，增加根系数量；生长中期注重施钾、硼肥，以提高果实产量，防止缺素而染真菌性病害；生长后期注重施 EM 微生物菌液固氮解磷，防止叶片老化。高温或低温期叶面喷钙、铜素，防止细菌性病害。在注重一种养分的前提下，施入少量其他营养，不要 1 次只用 1 种营养肥料。生长期以腐殖酸肥和 EM 微生物菌液、硫酸钾肥为主。

4. 光照 茄子对光照要求不高，其光补偿点相对较低，故冬季在两膜一苫拱棚内生产，其产量不减。但如果叶片过于肥大，植株的消光系数大，将影响营养积累和强度，应选用吉林省白山市喜丰塑料集团股份有限公司生产的三层复合紫光膜，这样室温可提高 2℃～3℃，紫光膜透过率高，产量可提高 1 倍左右。后墙需挂膜反光，阴天也要揭草苫以利用散弱光。适当摘除老叶和过于拥挤的叶片，以改善光照条件。

5. 整枝 在茄子开始膨大时，将茄子以下的侧枝和下层老叶摘除。进行双秆整枝，在对茄坐果后，出现四门斗枝秆，选留两个位置适当的健壮主秆枝。此后出现 4 个枝，应去掉 2 个枝，始终保持 2 个主秆枝，每次结 2 个茄子。如有的植株较小，有空间可在左右两边植株上留 3 个主秆枝生长，以充分利用空间提高产量。到 5 月下旬，双秆枝高达 1.7～2 米，需吊枝引蔓，以防止折枝伤果。如果定植时在根茎处灌 1 次植物基因诱导剂，可控秧促根；在生长中期，当株高为 1.2 米左右时，喷 1～2 次植物传导素，可打破植株生长顶端优势，使其由纵长向横长转换，秧不徒长，就能增产。

6. 保花 用黑龙江省佳木斯市精细化工厂生产的 2,4-D 1 支 2 克对水 0.4 升左右涂抹花柄，或用绿浪、丰产露喷花保蕾，低温期按最小对水量配药，高温期按最大对水量配药。

7. 防治病害 防治黄萎病，可在定植时每667平方米用2千克硫酸铜拌碳酸氢铵9千克施入穴内；用EM微生物菌液在结果期灌根；用植物基因诱导剂800倍液在生长期作叶面喷洒，以控秧促根果。用乙锰500倍液防治绵疫症、早疫病。用络铵铜防治菌核病、青枯病、褐纹病、立枯病和猝倒病。